建設業法と建設業許可

行政書士による実務と解説

第2版

日本行政書士会連合会
編

ごあいさつ

本書「建設業法と建設業許可」は、平成31年３月に初版が発刊され、建設関係業務に携わる実務専門家が執筆にあたった書籍として、他に類を見ないものであり、行政書士を始め、許可行政庁、建設業関係者など様々な方々にご好評いただいております。

昨今の建設業界では、働き方改革の推進、生産性の向上等の課題へ対応するための品確法・建設業法・入契法の新担い手３法の改正が行われたほか、建設キャリアアップシステム（CCUS）を活用した建設技能者の能力評価、専門工事企業の施工能力の見える化の取り組みに加え、建設業許可と経営事項審査の電子申請化も検討されるなど、様々な施策が進められております。

特に今回の建設業法の改正では、経営業務管理責任者の要件の緩和、社会保険の加入の許可要件化、一定の要件のもとでの監理技術者の現場兼任の容認や下請けの主任技術者の設置不要化、建設業の事業承継に係る規定の整備等が行われ、建設業関係業務に携わる行政書士にとっても大変重要な改正となっております。こうしたことから、このたび、この建設業法改正に係る対応を柱として、本書の改訂版を出版させていただくこととなりました。

先に述べたように、昨今の建設業界では様々な施策が実施されており、建設業者やそこで働く方々はそれらの施策に対応していくことが求められております。行政書士は、これまでも建設業許可申請等の業務を通じて、建設業に関わる皆様のサポートをしてまいりました。これらの施策の普及・促進においても、行政書士に求められる役割は、重要度を増すものと感じております。

依頼者の信頼に応え、適格な対応をするためには、制度の変遷に応じて最新の知識の修得に努め、研鑽を積まなければなりません。ただ単に許可申請の手続に係る知識があればいいということではなく、業界全体の施策、展望についても見識を深め、建設業に携わる方々に適切なアドバイスをしていかなければならないと考えております。建設業者の良き相談相手となり、「そうだ、行政書士に相談しよう！」と思ってもらえるような存在になることこそが、これからの行政書士に期待される役割であると考えます。

本書の改訂にあたっては、改正された建設業法への対応を柱としつつも、建設キャリアアップシステムや建設業とSDGs（持続可能な開発目標）についても解説する等、昨今の建設業界を取り巻く話題についても触れております。ぜひ手に取っていただき、日々の業務の参考としていただければ幸甚です。

本書が、初版と同様に、行政書士はもちろんのこと、許可行政庁、建設業者など数多くの方々に愛読されることを願っております。

令和３年２月

日本行政書士会連合会
会長　常住　　豊

はじめに

平成31年３月に刊行した本書の初版第４章において「建設産業政策2017＋10」を紹介した。その後、令和元年６月「働き方改革の推進」「生産性向上への取り組み」「持続可能な事業環境の確保」など、新たな課題・引き続き取り組むべき課題に対応するための担い手3法「品確法」「建設業法」「入契法」の改正、建設業許可申請・経営事項審査申請の電子化の推進、請負契約等契約法に係る民法改正などによって、今後の建設産業が目指すあるべき姿・役割が具体的に示されたことにより、この度の改訂に及んだところである。

近年、日本は毎年全国各地で、集中豪雨による河川の氾濫、山林の土砂崩れなどが発生している。また、平成７年の阪神淡路大震災をはじめ、東日本大震災、熊本地震が発生し、甚大な被害がもたらされた。また、戦後社会資本整備がなされたが、高度成長期に集中的に整備された全国の道路・橋梁・トンネル・水道管・マンション等は著しく老朽化してきている。国・地方自治体は、災害における復旧・復興の迅速な対応、また老朽化した工作物の維持・管理を今後も継続していかなければならない。よって、建設産業は、今後も国民が安全安心に暮らしていくために、重要な役割を果たすことが求められている。

ところが、日本は少子高齢化社会を迎えており、生産年齢人口は1995年をピークとして減少し、建設産業においても建設業就業者の担い手を確保することが喫緊の課題となっている。技能労働者の能力評価基準の策定、技能・経験に応じた処遇改善などをして、建設産業を若年層や女性にも魅力ある業界とするため、平成31年４月に建設キャリアアップシステム（CCUS）が開始された。また、平成30年12月出入国管理及び難民認定法の一部改正での特定技能外国人の受け入れ要件では、「建設分野の特性を踏まえて国土交通大臣が定める基準への適合」が策定され、建設業での外国人技能者の受け入れが始まった。

建設業法等の改正では、「持続可能な事業環境の確保」を図るため、経営業務管理責任者に関する要件を緩和、建設業の許可に係る承継に関して相続・合併・分割等を規定、「技術者に関する規制の合理化」を図るため、監理技術者を補佐する技士補を配置する場合は兼任を容認、特定専門工事では下位下請の主任技術者は一定の要件を満たすと配置不要、「現場の処遇改善」を図るため、許可業者は社会保険の加入などの見直しがなされた。また、経営事項審査の技術力の審査項目では、CCUS レベル３、レベル４の建設技能者の評価がなされることとなった。

本書は、日本行政書士会連合会許認可業務部　建設・環境部門が中心となり、執筆、編集を担当している。建設業の許認可手続に関わっている多くの行政書士は、産業廃棄物処理業など環境に係る許認可手続にも関わっている。部門では、さらに行政書士が企業の社会的責任として脱炭素社会等への移行を目指す事業所に、エコアクション21（環境経営システム）の認証・登録及び運用の支援ができるよう取り組んでいる。この改訂版第３章において、建設業者が環境経営を通じて環境方針を策定し、二酸化炭素排出量の削減、廃棄物排出量の削減、水使用量の削減、化学物質使用量の削減等の目標を設定し、ひいては「持続可能な開発目標」（SDG ｓ）の17の目標と169のターゲットに取り組んでもらうことを期待して「建設業とSDG s」を記述した。

行政書士は、行政書士法に基づいた国家資格者である。令和2年7月末日現在で約4万9000人の行政書士が、全国で建設・環境・福祉・医療・運輸・農林水産・警察・保健衛生・交通・土地・外国人分野等の1万以上の許認可などの行政手続、権利義務・事実証明に関する書類の作成に関わっている。行政書士法の度重なる法改正の結果、聴聞代理、行政不服申立代理など職域が拡大され、行政書士は、さらに国民に寄り添った身近な「街の法律家」として、「国民の権利利益の実現」に寄与しているところである。

最後に、本版改訂作業についても、株式会社日本評論社の荻原弘和様、武田彩様にはご配慮いただき、心から感謝申し上げます。

令和3年2月

日本行政書士会連合会

許認可業務部 部長　村山　豪彦

目　次

凡　例

本書では以下のように略記を使用した。

法　　建設業法
令　　建設業法施行令
規　　建設業法施行規則

建設業の種類及び略号は以下の通り。

土木工事業（土）
建築工事業（建）
大工工事業（大）
左官工事業（左）
とび・土工工事業（と）
石工事業（石）
屋根工事業（屋）
電気工事業（電）
管工事業（管）
タイル・れんが・ブロック工事業（タ）
鋼構造物工事業（鋼）
鉄筋工事業（筋）
舗装工事業（舗）
しゅんせつ工事業（しゅ）
板金工事業（板）
ガラス工事業（ガ）
塗装工事業（塗）
防水工事業（防）
内装仕上工事業（内）
機械器具設置工事業（機）
熱絶縁工事業（絶）
電気通信工事業（通）
造園工事業（園）
さく井工事業（井）
建具工事業（具）
水道施設工事業（水）
消防施設工事業（消）
清掃施設工事業（清）
解体工事業（解）

序章 建設業法の成り立ちと令和元年改正

1◆建設業法の制定

（1）建設業法の目的

戦後間もない昭和23年1月1日、内務省国土局と内務省調査局総務課及び第一課を移管して設置された「建設院」は、同年7月10日に「建設省」と改称された。

建設業法は、その翌年の昭和24年8月20日（同年5月24日制定・法律100号）に施行された。その目的は、「建設工事の適正な施工確保」と「建設業の健全な発展に資すること」とされ、その後の幾多の法改正により制度の拡充が図られたが、現在に至るまで法1条（目的規定）に受け継がれている。

法1条では、「この法律は、建設業を営む者の資質の向上、建設工事の請負契約の適正化等を図ることによつて、建設工事の適正な施工を確保し、発注者を保護するとともに、建設業の健全な発達を促進し、もつて公共の福祉の増進に寄与することを目的とする。」とされており、建設業法の究極の目的は、「公共の福祉の増進への寄与」であるといえよう。この実現のために、同法では「建設工事の適正な施工を確保」と「発注者の保護」、「建設業の健全な発達の促進」を目指すところとし、「建設業を営む者の資質の向上」や「建設工事の請負契約の適正化等」を手段として各規定が定められている。

（2）建設業法の概観

では、それぞれの項目は、建設業法においてどのように規定されているのか。以下、建設業法を概観していく。

まず、「建設業を営む者の資質の向上」とは、具体的には経営能力、施工能力、社会的信用の向上のことをいう。また、「建設工事の適正な施工を確保する」ためには、手抜き工事や粗雑な工事を排除しなければならない。そのためには不適格業者の排除が不可欠であり、この実現により請負契約の適正化が図られ、ひいては発注者の保護はもとより、下請負人の保護も実現することになる。

建設業法ではこの目的を実現するために、第２章の「建設業の許可」制度において、これらを許可要件にするとともに、特に施工能力の重要な要素たる施工技術の確保・向上を図るため、第４章で「施工技術の確保」等を定めている。本書においては、次の第１章で建設業許可制度について、第２章で技術者制度をそれぞれ詳解している。

一方、建設工事の請負契約においては、発注者と請負人、元請負人と下請負人、さらにこれに続く下請負人間のそれぞれの契約関係において、しばしば不平等な状況が生じ得る。そこで建設業法は、第３章「建設工事の請負契約」における請負契約の原則、請負契約の内容（法定記載16項目など）、不当な契約の禁止、一括下請負の禁止、元請負人の義務等について規定し、不平等な請負契約関係の是正と適正化等を図っている。本書では、第３章で契約制度等を詳解している。これからの建設業経営は、社会的規範などの遵守を含めたコンプライアンスの徹底は避けて通れないものであろう。本書は、必ずや実務に役立つものであり、ぜひとも熟読の上、理解を深めていただきたい。

さて、建設業法の構成に戻ろう。建設業法は、これに続いて第３章の２「建設工事の請負契約に関する紛争の処理（建設工事紛争審査会）」、

第４章の２「建設業者の経営に関する事項の審査等（経営事項審査)」、第５章「監督」、第６章「中央建設業審議会等」を規定し、これらも法の目的実現に寄与している。本書では紙面の関係からこれらの章の解説は割愛させていただいた。他の専門書籍等をご参照いただきたい。

建設業は、全産業就業者のおよそ１割が従事し、関連する産業を加えると約３割が従事する我が国の基幹産業であり、国民経済に大きな影響を及ぼしている。したがって、建設業の健全な発達の促進は、国にとって重要な課題である。建設業界は、昨今の社会保険未加入問題を端緒とし、長時間労働の常態化、現場の急速な高齢化と若者離れに対応する働き方改革など、大きな変革の時期を迎えている。これらはまさに建設業法の究極の目的である「公共の福祉の増進に寄与」の実現を求めているものといえよう。

2◆建設業法の改正概要

建設業法は、昭和24年の制定以来、時代の要請に従って、今日に至るまで幾多の法改正がなされてきた。中でも大きな改正としては、建設業の近代化、合理化の推進を求めて中央建設業審議会における議論がなされ、登録制度から許可制度への移行、特定建設業の許可制度が導入されることとなった昭和46年改正や、許可要件の強化や経営事項審査制度の改善、公共工事に対する義務化などを図った平成６年改正、解体工事業が追加されるとともに社会保険加入対策がなされた平成26年改正などが挙げられる。

そして令和元年の改正では、経営業務管理責任者に関する規制の合理化などが挙げられる。

以下に、現在に至るまでの法改正の概要を示しておこう。

建設業法 制定前から	建設業者取締りのための府県令とその失効
昭和26年改正	・営業の停止又は登録の取消し処分に係る建設業審議会の同意不要に
昭和28年改正	・建設業法適用拡大 板金工事、とび工事などの工作物の主体をなさない工事への適用 ・登録要件の強化 欠格要件の強化、専任技術者の登録要件化など ・一括下請の禁止の強化 ・建設業審議会の権限強化 ・登録を受けない建設業者に対する建設大臣又は都道府県知事による報告徴収権及び立入検査権
昭和31年改正	・必置機関として中央建設工事紛争審査会、及び都道府県建設工事紛争審査会の設置
昭和35年改正	・建設業者による施工技術の確保の努力義務
昭和36年改正	・施工体制の整備、適正な施行確保の強化 ・総合建設業者と専門工事業者 ・経営事項審査の導入 ・建設業者団体の届出制　など
昭和46年改正1)	・登録制度から許可制度への移行 ・特定建設業許可制度の導入 ・請負契約適正化に関する規定整備 ・下請負人保護

1）第61回国会における審議未了廃案から2年後の第65回国会において昭和46年3月24日成立。

	・監督処分の強化　など
昭和62年改正	・特定建設業許可基準の改正 ・監理技術者制度の整備 ・技術者検定に係る指定試験機関制度
平成6年改正	・建設業許可要件の強化 ・経営事項審査制度の改善 　公共工事に係る経営事項審査の受審強制 　虚偽申請の罰則強化 ・適正な施工確保及び請負契約の適正化 　施工体制台帳の整備 　監理技術者の専任制の徹底 　見積りの適正化 　帳簿の備付け ・監督強化
平成13年改正（電子申請等への対応）	地方分権一括法、オンライン化三法、入札契約適正化法、公益法人改革法などに伴う改正
平成26年改正	担い手三法（建設業法、入札契約適正化法、品確法）の改正など ・業種区分の見直し 　解体工事業の追加 ・欠格要件者の対象拡大（暴力団排除条項の整備） ・閲覧制度の改正 　個人情報保護の観点 ・担い手育成の責務 　社会保険未加入対策 　若年労働者の入職促進・育成

	・入札契約適正化法の改正などの整備　など
令和元年改正	新・担い手三法改正 ・許可基準の見直し ・許可を受けた地位の承継 ・請負契約における書面の記載事項の追加 ・著しく短い工期の禁止 ・工期等に影響を及ぼす事象に関する情報の提供 ・下請け代金の支払方法 ・不利益な取り扱いの禁止 ・建設工事従事者の知識及び技術又は技能の向上 ・監理技術者の専任義務の緩和 ・主任技術者の配置義務の合理化 ・技術検定制度の見直し ・復旧工事の円滑かつ迅速な実施を図るための建設業者団体の責務 ・工期に関する基準の作成等 ・標識の掲示義務の緩和 ・建設資材製造業者等に対する勧告及び命令等

3◆令和元年建設業法改正の経緯

担い手三法の改正[2)]による改正建設業法が成立し、令和元年９月１日、令和２年10月１日及び令和３年４月１日に分けて、順次施行されている。この改正にあたっては、主に以下の点が考慮されている。

建設投資額は、平成４年度の84兆円から、平成23年度は42兆円まで落

２）公共工事の品質確保の促進に関する法律、建設業法及び公共工事の入札及び契約の適正化の促進に関する法律の一部を改正する法律（令和元年６月５日）。

ち込んだが、その後は増加に転じて平成31年度には約56兆円まで回復した。建設業者数は、平成11年度末の約60.1万業者をピークにして減少に転じ、平成30年度の約46.9万業者、令和元年度は約47.2万業者にまで戻している[3)]。

建設業就業者数は、平成９年平均での685万人をピークに下降し、平成30年平均では503万人と、約27％減少している。さらに、60歳以上の高齢者は82.8万人（25.2％）を占め、29歳未満は、36.5万人（11.1％）である[4)]。高齢化、若年者の担い手不足が深刻になっている。

また、建設業は全産業平均と比較しても年間300時間以上長時間労働の状況である[5)]。

建設業生産労働者（技能者）の賃金は45歳から49歳でピークを迎える。体力のピークが賃金のピークになっている側面があり、マネジメント力等が十分に評価されていない[6)]。

このような現状では、建設業に若くて優秀な人材が入職しなくなるとの危機感から国土交通省は以下の政策を進め、この度の改正にも反映されるようになっている。

1．建設キャリアアップシステムの導入による、建設労働者・技術者・技能者の処遇改善
2．工期の適正化・平準化の促進による残業・休日労働の是正
3．監理技術者、主任技術者の専任緩和による現場生産性の向上
4．技術検定制度の見直しによる若年技術者の育成
5．許可基準の見直しによる持続可能な事業環境の確保と合併、分割、相続など事業承継の規定の整備
6．建設業許可、経営事項審査の簡素化及び電子化
7．公共工事労務単価の８年連続の引き上げ

3）国土交通省建設投資見通し、建設業許可業者数調査。
4）総務省「労働力調査」。
5）厚生労働省「毎月勤労統計調査」年度報より国土交通省作成「年間実労働時間の推移」。
6）平成30年度賃金構造基本統計調査。

4 ◆ 主な改正項目

（1）工期の適正化[7)]

建設業における工期の扱いは、注文者より請負者、請負者の中でも元請負者より下請負者に対して厳しい条件を強いられる業態である[8)]。

自然要因をはじめとして様々な要素が影響するため、適切な工期の捉え方は難しいものであるが、この法改正を受け、工期に関する基準が定められている[9)]。

今後、時間外労働の制限も適用される中、限られた人材のなかで工程を調整し、作業の効率化も意識していかなければならないだろう。また、この工期に関する基準は、運用状況を踏まえて、適宜、見直し等の措置を講ずることが予定されている。

建設業における時間外労働の見直し

建設業において、時間外労働の上限時間については時限的に適用除外[10)]とされているが、働き方改革整備法[11)]による労働基準法の改正より、建設業においても令和6年4月1日から他の業種と同様の時間外労働の上限が適用される（ただし、災害の復旧・復興の事業の例外あり）。

他の業種と比べ、充分な猶予期間[12)]が確保されているが、早めに体制を整えて施行に備えておくべきことは、言うまでもないだろう。 ●

（2）施工時期の平準化の推進[13)]

建設業の発注において、特に公共工事の発注・施工は、どうしても年度のサイクルに影響され、これにより発注時期及び工期末が一時期に集中してしまうことが問題となっている。

7）法19条、19条の5・6、20条、20条の2、21条、34条、入契法11条
8）第3章　不当な契約（2）。
9）工期に関する基準（中央建設業審議会、令和2年7月20日）。
10）労働基準法139条。
11）働き方改革を推進するための関係法律の整備に関する法律（平成30年7月6日）。

工期に関する基準(令和2年7月 中央建設業審議会作成・勧告) 概要

○本基準は、適正な工期の設定や見積りにあたり発注者及び受注者(下請負人を含む)が考慮すべき事項の集合体であり、建設工事において適正な工期を確保するための基準である。

第1章 総論

(1)背景

(2)建設工事の特徴
(i)多様な関係者の関与 (ii)一品受注生産 (iii)工期とコストの密接な関係

(3)建設工事の請負契約及び工期に関する考え方
(i)公共工事・民間工事に共通する基本的な考え方 (ii)公共工事における考え方 (iii) 下請契約

(4)本基準の趣旨

(5)適用範囲

(6)工期設定における受発注者の責務

第2章 工期全般にわたって考慮すべき事項

(1)自然要因
降雨日・降雪日、河川の出水期における作業制限 等

(2)休日・法定外労働時間
改正労働基準法に基づく法定外労働時間
建設業の担い手一人ひとりが週休2日(4週8休)を確保

(3)イベント
年末年始、夏季休暇、GW、農業用水塔の落水期間 等

(4)制約条件
鉄道近接・航空制限などの立地に係る制約 等

(5)契約方式
設計段階における受注者(建設業者)の工期設定への関与、分離発注 等

(6)関係者との調整
工事の前に実施する計画の説明会 等

(7)行政への申請
新技術や特許公報を指定する場合、その許可がおりるまでに要する時間 等

(8)労働・安全衛生
労働安全衛生法等の関係法令の遵守、安全確保のための十分な工期の設定 等

(9)工期変更
当初契約時の工期の施工が困難な場合、工期の延長等を含め、適切に契約条件の変更等を受発注者間で協議・合意

(10)その他
施工時期や施工時間、施工法等の制限 等

第3章 工程別に考慮すべき事項

(1)準備
(i)資機材調達・人材確保
(ii)資機材の管理や周辺設備
(iii)その他

(2)施工
(i)基礎工事 (ii)土工事 (iii)躯体工事
(iv)シールド工事 (v)設備工事
(vi)機器製作期間・搬入時期 (vii)仕上工事
(viii)前面及び周辺道路状況の影響 (ix)その他

(3)後片付け
(i)完了検査
(ii)引き渡し前の後片付け、清掃等の後片付け期間
(iii)原型復旧条件

第4章 分野別に考慮すべき事項

(1)住宅・不動産分野　(2)鉄道分野　(3)電力分野　(4)ガス分野

第5章 働き方改革・生産性向上に向けた取組について

働き方改革に向けた意識改革や事務作業の効率化、工事開始前の事前調整、施工上の工夫、ICTツールの活用等について、他の工事現場の参考となるものを優良事例として整理

第6章 その他

(1)著しく短い工期と疑われる場合の対応
駆け込みホットラインの活用

(2)新型コロナウイルス感染症焼対策を踏まえた工期等の設定
受発注者間及び元下間において、協議を行い、必要に応じて適切に契約変更

(3)基準の見直し
本基準の運用状況等を踏まえて、見直し等の措置を講ずる

国土交通省「新・担い手三法について」7頁

12) 平成31年4月1日施行（中小事業者につき1年の猶予期間、建設事業等一部の事業・職種は5年の猶予期間）
13) 入契法17条、品確法3条、7条。

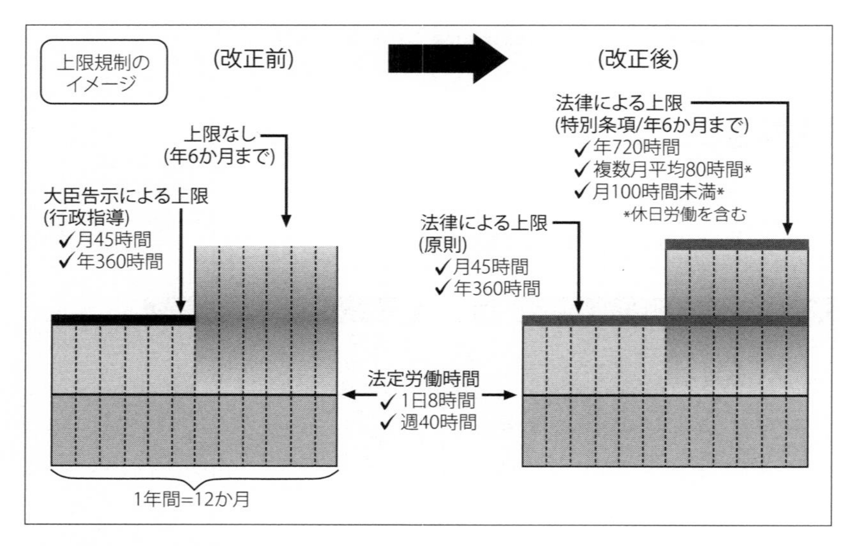

厚生労働省「時間外労働の上限規制」4頁

平準化の効果[14]としては、発注者において、人材・資材の効率的な活用の促進による入札不調・不落への対策、中長期的な公共工事の担い手確保対策、発注職員等の事務作業が一時期に集中することを回避できることが考えられる。

また、受注者においては、人材・資機材の実働日数の向上等による建設業の企業経営の健全化、労働者（技術者・技能者）の処遇改善（特に休日の確保など)、稼働率向上による建設業の機械保有等の促進（建設業の災害時の即応能力も向上）できることが考えられる。

平準化に向けた取り組みとして、以下の指針（さ・し・す・せ・そ）が示されている。

㋚施工時期等の平準化も踏まえた債務負担行為の活用（債務負担行為

14) 地方公共団体における平準化の取組事例について～平準化の先進事例「さしすせそ」～【第3版】平成30年5月土地・建設産業局建設業課入札制度企画指導室。

の活用）

㋛余裕期間制度の活用等による工事着手時期の柔軟な運用（柔軟な工期の設定）

㋜適切な工期設定を行ったうえでの、繰越制度の適切な活用（速やかな繰越手続）

㋝設計・積算を前年度までに完了させることによる早期発注（積算の前倒し）

㋞計画的な事業の進捗管理と工事の計画的な発注（早期執行のための目標設定）

国、都道府県及び市区町村において、多様な取り組みがなされており、出来高ベースの統計上の数値[15]でも改善が見られ、一定の効果も認められている。

（3）下請代金の支払[16]

元請負人は、下請代金のうち労務費に相当する部分については、現金で支払うよう適切な配慮をしなければならない。

なお、現金の範囲については、銀行振込や銀行振出し小切手等、現金と同様に扱われているものについても含まれると考える。

また、公共工事の当事者においては、請負代金のできる限り速やかな支払い、公共工事に従事する者の賃金への配慮を基本理念として規定している。そして、公共工事を実施する者は、技術者・技能労働者等の賃金等、労働環境が適正に整備されるよう、市場における労務の取引価格を的確に反映した適正な額の請負代金を定める下請契約を締結しなければならない。

（4）監理技術者専任の緩和と技術検定制度の見直し[17]

建設現場における生産性の向上を目的として、監理技術者の専任の緩

15）建設総合統計（出来高ベース）。
16）法24条の３、品確法３条、８条。
17）法26条、27条、令28条、29条。

監理技術者の専任の緩和(建設業法第26条)

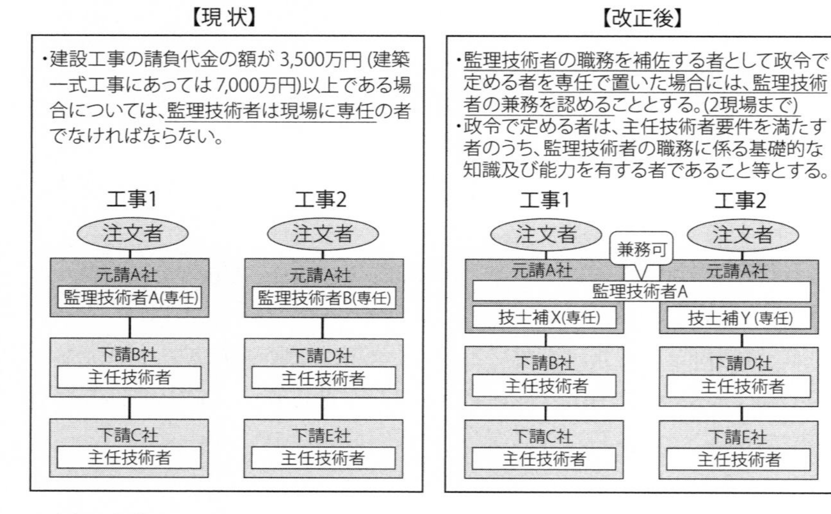

国土交通省「新・担い手三法について」20頁

和措置が取られる。旧法においては、現場に専任の者でなければならなかった[18]が、改正後は、監理技術者の職務を補佐する者（技士補）を置くことで、２現場まで兼務することができるようになった。

技士補の創設に併せて、１級の施工管理技士の受験資格が見直される[19]。

また関連して、監理技術者講習の有効期間について、「受講日の翌年１月１日から５年以内」[20]とし、５年目の１年間においていつでも講習を受講できるようになる。これによって、講習受講時期の平準化を図るとともに、受講時期により有効期間が事実上短縮してしまうことが避けられるようになる。

18）第２章　技術者制度（146頁）参照。
19）施行は、令和３年４月１日。
20）規17条の14（令和３年１月１日施行）。

技術検定制度の見直し(建設業法第27条)

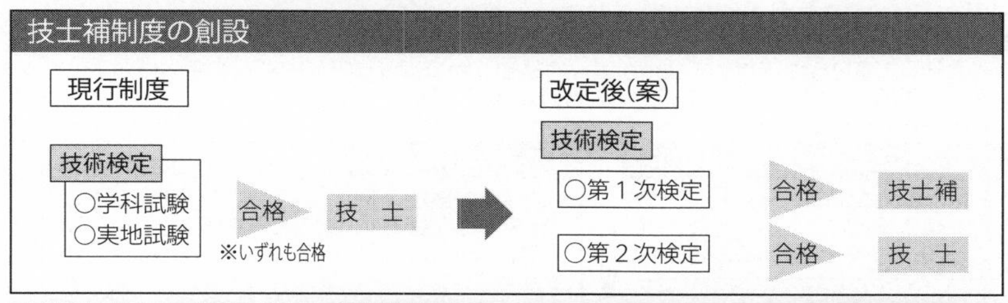

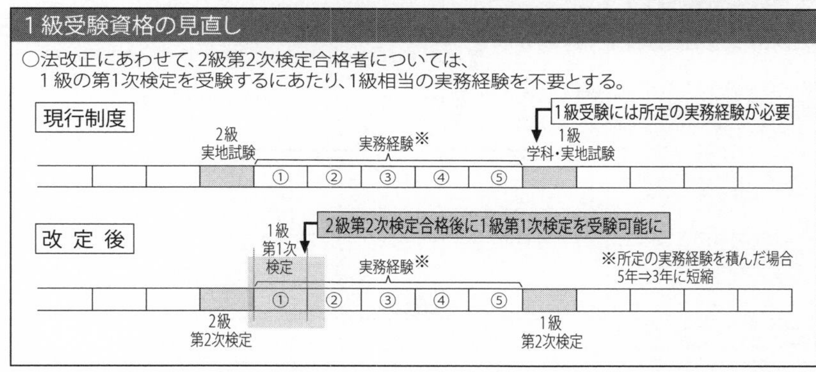

国土交通省「新・担い手三法について」23頁

（５）主任技術者の配置義務の合理化[21)]

建設業者は、請け負った建設工事を施工するときは、工事現場に「主任技術者」を置かなければならない[22)]。

しかしながら、重層下請構造のなかの下位下請になればなるほど、主任技術者の確保が難しくなり、その配置が有名無実化している問題がある。この問題に対し、一定の指導監督的な実務の経験（工事現場主任者、工事現場監督者、職長などの立場で、部下や下請業者等に対して工事の技術面を総合的に指導・監督した経験が対象となる）[23)]を有し、かつ、

21）法26条の３。
22）第２章　技術者制度（141頁）参照。
23）「監理技術者制度運用マニュアル」（令和２年９月30日国不建130号）二―二監理技術者等の設置（１）監理技術者等の設置における考え方。

主任技術者の配置義務の見直し(活用にあたっての要件)

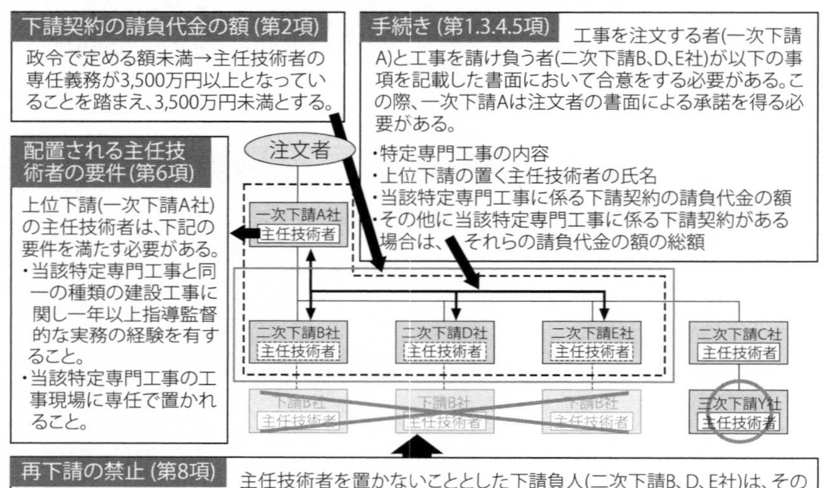

国土交通省「新・担い手三法について」26頁

当該工事現場に専任で置かれる者を配置することで、その下位に属する下請建設業者における主任技術者の設置を要しない、とする改正である。

ただし、すべての工事に適用されるわけでなく、現段階では特定専門工事として定められた、鉄筋工事と型枠工事のみの適用となっており、この特定専門工事が拡大されるかどうかに注目したい。

（6）経営業務管理責任者要件の見直し[24]

今回の建設業法改正の最注目事項であった当該要件の見直しであるが、検討の過程においては、要件廃止を含む緩和案が議論されていたところ、以下のような改正となった。

許可を得ようとする業種の経験を５年以上、その他の経験による場合は６年以上としていた[25]ものが、業種にかかわらず５年以上に統一された点以外は、要件緩和となるかは疑問である。

「常勤役員＋常勤役員を直接に補佐する者」の要件は、特に財務管理・労務管理・運営管理のそれぞれの経験について、条件及び証明事項[26]が詳細にわたり、特に中小建設業者での適用は長期的な社内書類

建設業法施行規則等の一部を改正する省令について

法第7条第1号の省令で定める基準について

法第7条第1号の省令で定める基準→ 建設業者として、下記のいずれかの体制を有すること

常勤役員 (個人である場合はその者又はその支配人)のうち1人が、次のいずれかに該当するであること。

○ 建設業に関し5年以上の経営業務の管理責任者としての経験を有する者であること。
○ 建設業に関し経営業務の管理責任者に準ずる地位にある者(経営業務を執行する権限の委任を受けた者に限る。)としての5年以上経営業務を管理した経験を有する者であること。
○ 建設業に関し経営業務の管理責任者に準ずる地位にある者としての6年以上経営業務の管理責任者を補助する業務に従事した経験を有する者であること。

※建設業の種類ごとの区別は廃止し、建設業の経験として統一

常勤役員 (個人である場合はその者又はその支配人)のうち1人が、次のいずれかに該当するものであること。

A 建設業に関し、二年以上役員等としての経験を有し、かつ、五年以上役員等又は役員等に次ぐ職制上の地位にある者(財務管理、労務管理又は業務運営の業務を担当するものに限る。)としての経験を有する者

B 五年以上役員等としての経験を有し、かつ、建設業に関し、二年以上役員等としての経験を有する者

＋

常勤役員を直接に補佐する者 として下記をそれぞれ置くものであること。

財務管理の経験
労務管理の経験
運営業務の経験

について、直接に補佐する者になろうとする建設業者又は建設業を営む者において5年以上の経験を有する者

※上記は一人が複数の経験を兼ねることが可能

国土交通省「新・担い手三法について」36頁

24）法７条。
25）第１章　深く追求　複数業種の経験の合算（89頁）参照。
26）建設業許可事務ガイドライン【第７条関係】1. ⑧。

整備が必要である。

また、各審査庁における、解釈基準にはバラつきがあるとみられ、新基準による申請には注意を要する。

（7）社会保険加入の許可要件化[27)]

平成24年7月から具体的に取り組まれていた、建設業者の社会保険未加入対策を経て、今回の改正より社会保険への加入が許可要件化された。

改正前においても、加入状況は届け出られていて、未加入に対しては許可後における指導が行われていたため、許可申請時においての取扱いに影響は無いと思われる。

ただし、適用事業所非該当で許可後に適用事業所となったときに、加入手続を取らなかった場合、許可更新時に適切な加入状況で無かった場合には、許可要件を欠くことになるので注意が必要である。

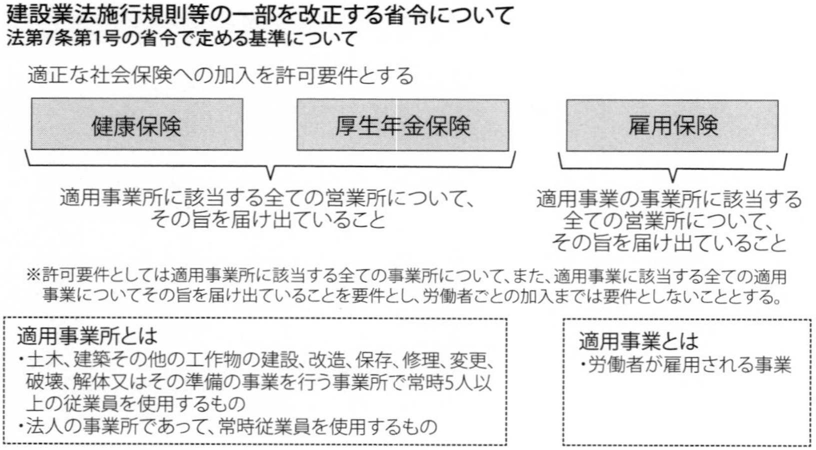

建設業法施行規則等の一部を改正する省令について
法第7条第1号の省令で定める基準について

適正な社会保険への加入を許可要件とする

健康保険　厚生年金保険　→ 適用事業所に該当する全ての営業所について、その旨を届け出ていること

雇用保険 → 適用事業の事業所に該当する全ての営業所について、その旨を届け出ていること

※許可要件としては適用事業所に該当する全ての事業所について、また、適用事業に該当する全ての適用事業についてその旨を届け出ていることを要件とし、労働者ごとの加入までは要件としないこととする。

適用事業所とは
・土木、建築その他の工作物の建設、改造、保存、修理、変更、破壊、解体又はその準備の事業を行う事業所で常時5人以上の従業員を使用するもの
・法人の事業所であって、常時従業員を使用するもの

適用事業とは
・労働者が雇用される事業

国土交通省「新・担い手三法について」37頁

27）規7条2項。

また、社会保険加入を回避するための“偽装一人親方”の問題も大きくなっている。この問題に対しては、法定福利費を適正に負担する企業による公平・健全な競争環境の整備などを目的として、国土交通省で検討会[28]を立ち上げ、解決に取り組んでいる。

（８）建設業者の地位の承継（企業再編及び相続[29]）

従来、建設業者の企業再編における事業譲渡等（事業譲渡、合併、分割）の場面においては、許可を切らさずに継続させることができなかった。改正後においては、事前認可の手続を経ることで、許可を継続して事業を営むことができるようになる。

地位承継の構成により、許可業種の継続に可否が生じるため、予めの

建設業者の地位の承継について (建設業法第17条の2・3)

【現 状】

建設業者が事業の譲渡、会社の合併、分割を行った場合、譲渡、合併後又は 分割後の会社は新たに建設業許可を取り直すことが必要。

新しい許可が下りるまでの間に建設業を営むことができない空白期間が生じ、不利益が生じていた。

〈現行〉

許可行政庁	合併を予定している会社との事前打合せ	許可行政庁による手続き（1～4ヶ月程度）
会社A	失効 / 新会社 / 申請 / 会社Aの許可に係る工事はできない / 許可取得	
会社B	会社Bに係る許可	

新会社に係る許可（会社A、Bが有していた許可）

【改正後】

今回の改正建設業法において、事業承継の規定を整備し、事前の認可を受けることで、建設業の許可を承継することが可能に。

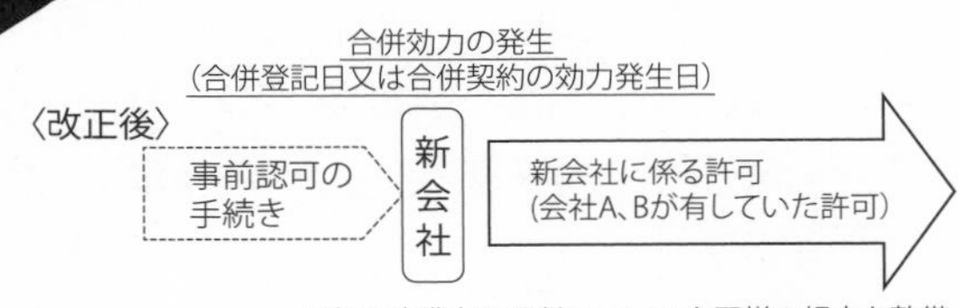

※個人事業主の承継についても同様の規定を整備

国土交通省「新・担い手三法について」38頁

28）建設業の一人親方問題に関する検討会。
29）法17条の２、３。

確認は重要である。また、事業譲渡等の日から前もって認可の申請をすることになるが、認可についての審査期間（標準処理期間）[30]がまだ不明確である。事業譲渡等の期日は、先に決まっているものと思われるが、それに対し、いつまでに認可申請をしなければいけないかが分からないため、通常の許可審査の期間から鑑みても、数か月前からの準備は必要であろう。

なお、個人事業主からの法人成りの事例もこの類型により手続ができるようになる[31]。

また、個人事業主における、相続についても許可の承継ができるようになった。これは、被相続人の死亡から30日以内の認可申請により、許可の承継が可能となるものである。ただし、死亡から30日以内では、戸籍の確認からの相続人確定すら間に合わないことも考えられ、所定の書類[32]を整えることは難しいと思われる。おそらくは、30日以内に申請をし、その他の確認書類は、追加の提出とせざるを得ないだろう。

事業承継の事例

建設業界は、技術者を含む担い手不足の影響で、事業承継（事業譲渡・合併・分割）が盛んに行われており、今後も増えることが予想される。しかし許可実務においてこれまでは、多くの弊害があった。

以下具体的な事例を設定して解説する。

承継会社　A　（埼玉県知事許可）（管）・（消）の一般許可
消滅会社　B　（東京都知事許可）（管）・（電）・（消）の一般許可
AがBを吸収合併し、株式会社A（本店：埼玉県、支店：東京都）とする。

上記の事例の場合、これまでの許可制度では、契約で定めた合併効力日

30）大臣許可については90日程度（経由の場合は、120日程度）「国土交通大臣に係る建設業許可及び建設業者としての地位の承継の認可の基準及び標準処理期間について」（令和２年12月25日国不建314号）。
31）許可事務ガイドライン【第17条の２関係】4.（3）。
32）許可事務ガイドライン【第17条の３関係】。

以降、関東地方整備局へ、許可換え新規申請をすることになる。大臣許可の場合、建設業許可の標準処理期間は約90日とされている。そうすると、合併したにもかかわらず、許可が下りるまでの約90日間は、埼玉県知事許可が有効な状態なので、東京支店（旧株式会社B）では契約ができなくなる。これが、いわゆる「許可の空白問題」だ。この空白問題を避けるためには、Aが合併前に東京支店を別に新設し、かつ、東京支店にBから専任技術者（(管)・(電)・(消)）になり得る技術者を先行移籍させた状態で、許可換え新規申請をし、大臣許可業者となった状態で、合併効力日を迎えるように計画し、合併効力日後、従たる営業所の変更を行うなど、申請者側に計画の長期化・煩雑さ・人事異動の複雑さなど、多大な負担をかけることが問題となっていた。

今回の改正は、このような「許可の空白問題」を防止するために、事前認可申請制度が新設された。これにより、上記の事例では、合併効力日前に、消滅会社の許可権者である関東地方整備局に認可申請をし、認可が下りれば、承継日の翌日から5年の許可（(管)・(電)・(消)）がAに与えられることになる。

承継認可申請は、個々具体的なケースによって、計画期間・取得業種状況・営業所所在地状況などによって、申請先・申請期限・提出書類が変わる。また、当該認可制度が使えないケースも多々ある。申請先の手引き確認はもちろん、建設業法、同法施行規則、許可事務ガイドラインを参照しながら、申請先と事前に十分な相談をした上で、余裕を持った申請を心がける必要がある。 ●

（9）経営事項審査における改正

経営事項審査における改正は、令和2年4月1日からの建設キャリアアップシステムのレベル3及びレベル4の技術者評価と、令和3年4月

知識及び技術又は技能の向上に関する取組の状況(W_{10})の評価(案)

〈評価対象とする建設業者〉 雇用する技術者・技能者の知識及び技術又は技能の向上に努めている企業

〈具体的評価方法〉 個々の企業における技術者と技能者の割合はさまざまであるため、全体の点数(10点を想定)とした上で、技術者と技能者の比率に応じてそれぞれの取組状況を評価したもの(技術者点及び技能者点)を合算して算定する。(※小数点未満は切上)

$$W_{10} = \left(\frac{技術者}{技術者+技能者}\right) \times 技術者点 + \left(\frac{技能者}{技術者+技能者}\right) \times 技能者点$$

技術者点(10点満点)

〈背景〉

○ i-Constructionなどの施工のICT化が進展し、新たな技術の活用がより一層重要となる中、技術者は常に最新の技術を習得するため、継続的な技術研鑽が必要。

○ しかし、監理技術者資格者証の取得に5年毎の講習受講が必要とされているものの、施工管理技士が永久資格となっているなど、技術研鑽は個人の自主性に委ねられている。

〈評価する内容〉

学会・業団体等において認定されているCPDプログラムにおいて、当該建設業者に属する技術者1人当たりが1年間に取得したCPDの単位

※技術者の継続教育(Continuing Professional Development)

技能者点(10点満点)

〈背景〉

○個々の技能者がその技能を磨き、それにふさわしい処遇を受けることが、施工能力の向上のみならず担い手の確保にもつながる。

○本年4月から本格導入されている建設キャリアアップシステム(CCUS)に蓄積される就業履歴や保有資格を活用した技能者の能力評価基準に基づき、4段階のレベルで技能者の技能が客観的に評価されるようになった。

〈評価する内容〉

基準日前3年間における能力評価基準でレベル2以上にアップした建設技能者の雇用状況

※本件改正は令和3年4月から適用。

国土交通省「経営事項審査の審査基準の改正について」12頁

1日から適用のその他の審査項目（社会性等）の改正がある。

CPDプログラムにおける単位取得をもって、「技術者」の評価とするとともに、CCUSのレベルアップ状況をもって、「技能者」の評価とするものである。

また、同じく社会性等の項目の中、公認会計士等における研修受講の評価もなされる。これは、企業会計基準が頻繁に大きく変化する中で、継続的に専門的な研修を受講することで最近の会計情報等に関する知識を習得することが重要となっていることから、経理に関して継続的に知識の向上に努めている者であることを経営事項審査上の評価要件とするものである。

受講がなされていないと一定の経過措置を経て評価対象外となる。

(10) その他の関連改正等

その他、一連の改正の中の主な項目としては以下のものがある。

請負契約における書面の記載事項の追加（第19条関係）

受発注者双方の共通ルールとしてその遵守を促し、働き方改革を促進するため、建設工事の請負契約の当事者が請負契約の締結に際して工事を施工しない日又は時間帯の定めをするときは、その内容を書面に記載しなければならないこととされた（記載例 249頁）。

不利益取扱いの禁止（第24条の５関係）

元請負人は、当該元請負人について法19条の３（不当に低い請負代金の禁止）、法19条の４（不当な使用資材等の購入強制の禁止）、法24条の３第１項（下請代金の支払い遅滞）、法24条の４（完成確認検査の遅滞）又は法24条の６第３項（割引困難な手形の交付）若しくは第４項（遅延利息の支払い）の規定に違反する行為があるとして下請負人が国土交通大臣等、公正取引委員会又は中小企業庁長官にその事実を通報したことを理由として、当該下請負人に対して、取引の停止その他の不利益な取扱いをしてはならないこととされた。

建設業者団体の責務（第27条の40関係）

建設業者団体は、災害が発生した場合において、当該災害を受けた地域における公共施設その他の施設の復旧工事の円滑かつ迅速な実施が図られるよう、当該復旧工事を施工する建設業者と地方公共団体その他の関係機構と連絡調整、当該復旧工事に使用する資材及び建設機械の調達に関する調整その他の必要な措置を講ずるよう努めなければならないとされた。

標識の掲示義務緩和（第40条関係）

建設業者が工事現場に標識を掲げる義務について、発注者から直接請け負った工事のみを対象とすることとし、下請の建設業者については掲示を要しないこととされた。

建設資材製造業者等に対する勧告及び命令（第41条の２関係）

建設業者又は建設業を営む者の法28条１項１号若しくは３号に該当する違反行為が建設資材に起因し、指示のみでは再発防止が困難な場合は、建設資材を引き渡した建設資材製造業者等にも適当な措置をとるよう勧告できるようになった。

許可申請書類の簡素化

許可申請にかかる添付書類について、簡素化が進められている[33]。令和２年４月１日より、国家資格者等・監理技術者一覧表（新規・変更・追加・削除）の廃止、写真以外の営業所に関する書類の削除、経営業務管理責任者等の住民票等の提出が省略された。

経由事務廃止

令和２年４月１日より、国土交通大臣許可にかかる都道府県経由事務は、山梨県及び大分県を除いて廃止となり、管轄する地方整備局への直接申請となっている。

解体工事業の経過措置終了

平成28年６月１日から新設された解体工事業につき、専任技術者要件の経過措置が令和３年３月31日に終了する。

経過措置終了時点で要件を満たした技術者がいない場合は、「許可の取消」となるため、期日までに有資格区分の変更届や要件を満たした専任技術者を配置して変更届を提出する必要がある。

33)「行政手続部会取りまとめ～行政手続コストの削減に向けて～」（平成29年３月29日規制改革推進会議行政手続部会）。

ハンコは要る？要らない？

令和２年９月から新政権に変わったタイミングで、書類への押印廃止の議論が一気に加速した。なお、一見して、ここで突然出てきた議論のようだが、内閣府の規制改革推進会議において以前からも議論されていたものである。

建設業の申請に関する書類全般も議論に含まれるところ、規制改革推進会議から各府省規制改革担当宛に具体的に行政手続の押印原則の見直し依頼の文書が出ている[34]。

建設業における許可申請の申請者押印は、建設業法施行規則の様式に押印欄があるものであり、この見直し依頼の中「２．押印原則の見直しの基準について」の定義の「法令の条文で押印を求めることが規定されておらず、省令・告示に規定する様式に押印欄がある書面」に当たると思われる。この場合は、「基本的には押印を求める積極的意味合いが小さいと考えられる。これらについては、押印がなくても書面を受け付けることとする。」とされている。

そもそも許可申請において押印を求める趣旨は、建設業の許可要件にかかる証明書類につき、真正性を自認するために申請者の押印を求めることとされている。これは、見直し依頼で定義されている「文書内容の真正性担保（証拠としての担保価値）」に当たると思われる。この場合は、「実印でない押印の意味は必ずしも大きいと言えないこと、文書の証拠価値は押印のみによって評価されるわけではなく手続全体として評価されることに留意する必要。」とされている。

建設業の許可申請にかかる申請者印は一応全て「実印」なのだが、後段、押印のみによって評価されない、という点に関し、当該書面の内容の確認

34)「行政手続における書面主義、押印原則、対面主義の見直しについて（再検討依頼）」令和２年５月22日規制改革推進会議。

資料としての資料添付がある押印書類については、客観的に真正性の担保はされているので、この押印の意味は大きくない。

その後の規制改革推進会議においても、「新型コロナウイルス感染症拡大防止及び新たな生活様式に向けた規制改革」の中、一番目の議題にこの押印の見直しが挙げられている[35]。

許可申請の書類に限らず、工事請負契約書への記名押印[36]の問題もあるが、この契約書は記名押印に代えて署名でも構わない。反対に登記などが関係する書類では、印鑑登録された実印の押印が必要である。現在においても、実印の押印を電子署名に置き換えることができるものもあるので、前出の見直し依頼の文書でも指摘されているように、なぜ押印が必要なのか、根拠や意味を本質的に吟味して、今後は要・不要が判断されるべきである。

令和３年１月１日から行政文書の押印廃止の取扱いが正式決定している。建設業の許可申請書も例外ではなく、原則すべての申請書類への押印が不要となった。しかしながら、押印が無くなることで文書の真正性の確認まで不要となるわけではない。特に申請者の本人確認においては、押印が無くなることでの不具合が生じることとなる。押印に代替する本人確認事務が発生しており、新たに追加の書類を求められるなど申請事務の厳格化も見受けられる。今後の申請電子化を見据え、正確かつ適切な本人確認方法が求められるだろう。 ●

35)「当面の審議事項について」令和２年10月７日規制改革推進会議。
36) 法19条１項。

第1章

建設業許可制度

1◆建設業の許可（法２条～４条）

（１）建設業の許可

「建設工事の完成を請け負う営業」（法２条２項）をするには、「軽微な建設工事」（法３条１項ただし書）を除いて、元請負人・下請負人、個人・法人の区別に関係なく（法２条２項・３項）、建設業法による許可を受けなければならない（法３条１項）。

深く追求！

軽微な工事と電気・浄化槽・解体

「軽微な建設工事」のみを請け負う場合であっても、電気工事業、浄化槽工事業、解体工事業は、工事の内容に鑑み、工事に従事する業者の資質を担保しないと、発注者のみならず近隣住民等一般市民にも多大な影響を与える可能性を有していることから、建設業法とは別に、電気工事業の業務の適正化に関する法律（電気工事業法）、浄化槽法、建設工事に係る資材の再資源化等に関する法律（建設リサイクル法）の各法律で、登録・届出制を規定している。すなわち、請負金額の多少にかかわらず、何らかの手続が必要となり、ハードルの高い技術者要件（国家資格者）を定めているため、起業する前からしっかりと準備していないと許可を取得できず、営業（建設工事の受注・施工）すら不可能となりかねない。

また、建設業法上の許可を取得して、「軽微な建設工事」でない工事を請け負う場合であっても、届出を求めるなど、上記各法律の目的に応じて二重の手続が求められることもある。例えば、電気工事業法では、「業務の適正な実施を確保し、もつて一般用電気工作物及び自家用電気工作物の保安の確保に資することを目的」（１条）として掲げており、建設業法上の許可を取得したからといって、電気工作物の保安確保は別問題であることから、届出制度が存在する。「軽微な建設工事だから許可は不要」、「許可を取得したから大丈夫」とは思わず、企業の将来を戦略的に見据えた、申請手続スケジュールと雇用技術者の養成を心掛ける必要がある。●

（２）軽微な建設工事（法３条１項ただし書、令１条の２、事務ガイドライン[1)]【第３条関係】３）

施行令１条の２

建築一式工事で右のいずれかに該当するもの	①１件の請負代金の額が1500万円未満（取引に係る消費税及び地方消費税の額を含む）の工事 ②請負代金の額にかかわらず木造住宅で延面積が150m^{2}未満の工事（主要構造部分が木造で、延べ面積の1/2以上を居住の用に供すること）
建築一式工事以外の建設工事	１件の請負代金の額が500万円未満（取引に係る消費税及び地方消費税の額を含む）の工事

以下、本書において「請負代金の額」は取引に係る消費税及び地方消費税の額を含む。

上記に該当する工事を「政令で定める軽微な建設工事」（法３条１項ただし書）といい、建設業の許可は必要ない。許可が必要ない者は「建設業を営む者」に過ぎず、許可を受けて建設業を営む者は「建設業者」という（法２条３項）。

１）「建設業許可事務ガイドライン」（平成13年４月３日国総建97号、最終改正令和２年12月25日国不建311号）以下「事務ガイドライン」という。

上記の「請負代金の額」は、同一の建設業を営む者が工事の完成を二以上の契約に分割して請け負うときは、正当な理由に基づいて契約を分割した時でない限り各契約の請負代金の額の合計額とする（令１条の２第２項）。また、注文者が材料を提供する場合においては、その市場価格又は市場価格及び運送賃を当該請負契約の請負代金の額に加えたものを請負代金の額とする（令１条の２第３項）。

500万円未満の工事は無法状態!?

建設業法上、１件の請負代金の額が500万円未満の工事だけを請け負う場合は、許可が不要であるが、実務の現場では、なかなかそうはいかない。

例えば、企業が発注者である消費者個人から、一軒家のリフォーム工事などを元請として直接に請け負う場合、消費者個人がリフォーム代金についてローンを組むことが多い。その場合、借り入れ銀行より、建設業者の許可内容について問われ（許可の取得有無・許可業種の確認）、これらの情報が融資を受ける際の判断材料とされることが多い。また、近年、下請業者であっても、元請業者の社内コンプライアンスの一環で、関係する下請取引先に対し許可取得を厳命する（つまり、許可を取得していなければ取引しない）といった事案が数多く生じている。したがって、たとえ請負代金の額が500万円未満の工事であっても、上記の例のように銀行や元請サイドの影響で許可が必要になることが多い。

それでは国の動向はどうか。国土交通省は、軽微な建設工事のみを請け負う業者を取締まる仕組みの創設を検討し始めている。

本来「軽微な建設工事」は、「公共の福祉」に与える影響が比較的少ないことや許可取得により課せられる小規模事業者の負担軽減等を総合的に考慮して定められた。しかし、昨今特にリフォーム業者が行う建設工事は、その工事内容からして、ほとんどが「軽微な建設工事」に収まっているため、行政によるスクリーニングが行われていない者によるリフォーム工事について、消費者相談の数が増えている。国土交通省は、こうした現状に注目し、「軽微な建設工事」のみを請け負うものについて、届出制・登録制の導入や、違法行為等が行われた場合に登録を取り消す等の監督権限を強化する方向で検討が行われている（国土交通省「軽微な工事（リフォーム工事等）に関する対応の検討」[2]参照）。

なお、参考までに、住宅リフォーム事業者団体登録制度は平成26年９月１日よりスタートしている（住宅リフォーム事業者団体登録制度に係るガイドライン[3]）。

処分事例

有限会社Ｎは、平成24年２月４日をもって建設業許可が失効したにもかかわらず、平成27年12月から同項に違反して軽微な建設工事に該当しない建設工事を請け負い、建築確認申請書等に建設業許可番号を記載し注文者に建設業者であると誤認させた。

このことは、法28条２号に該当し、営業停止処分（６日間）とする(2017年10月５日長野県知事)。

■ 法令適用事前確認手続　コンソーシアムと許可

法令適用事前確認手続（ノーアクションレター制度）とは、企業等が新たな事業活動を始めようとする際に、その行為が法令に抵触しない（違法でない）ことが不明確なため、事業活動が萎縮してしまうようなことを回避する趣旨で運用されている。自ら行おうとする行為が、法令に基づく不

2）http://www.mlit.go.jp/common/001132800.pdf
3）http://www.mlit.go.jp/common/001053429.pdf

利益処分の適用の可能性があるかどうか、法令に基づく許認可等を受ける必要があるかどうかを国土交通省に事前に照会し、回答を得ることができる。

例えば、建設業においてもコンソーシアム（共同企業体）を組んで、大きな建設プロジェクトを推進することがあるが、このコンソーシアムを構成する各企業の建設業許可の「有無」や「要否」がよく問題となる。

国土交通省は、構成企業が、軽微な建設工事に該当しない工事を請け負う部分があれば許可が必要で（平成29年10月23日回答）、設計又は設計図書の通りに施工されているか確認することのみの委託のみであれば許可が不要（平成25年７月12日回答）としている4)。各構成企業の担当部分を細かく検証することが必須である。

※本手続は書面による照会であることに鑑み、回答行政庁の回答は提示された事実のみを前提に回答時点における見解を示すもので、捜査機関や司法の判断を拘束するものではないことに注意が必要である。たとえ近似した事実関係であっても、同じ回答になるとは断言できず、あくまで考察の参考として紹介事例を確認されたい5)。

（３）許可の種類

二つ以上の都道府県に営業所がある場合は国土交通大臣の許可を、一つの都道府県のみに営業所がある場合は都道府県知事の許可を、それぞれ受ける必要がある（法３条１項）。

例えば、東京都に本店（主たる営業所）、神奈川県内に支店（従たる営業所）がある場合には国土交通大臣の許可が必要である。また、管工事業と消防施設工事業の２業種について埼玉県知事許可を受けている場合において、管工事業について千葉県で新たに営業所を設けて営業しようとする場合は、取得した管工事業・消防施設工事業の２業種とも国土

4）「国土交通省法令適用事前確認手続照会及び回答事案」http://www.mlit.go.jp/appli/file000016.html
5）以下、法令適用事前確認手続全てに共通。

交通大臣許可を受けなければならない（同一の建設業者が知事許可と大臣許可の両方の許可を受けることはできないためである）。

建設工事自体は、営業所の所在地に関わりなく、他府県でも行うことができる。例えば、東京都知事から許可を受けた建設業者は、東京都内の本支店のみで営業活動を行えるが、その本支店で締結した契約に基づいた工事は、営業所のない埼玉県でも行うことができる。

大臣許可が直接申請に

国土交通大臣許可の申請は、令和２年３月31日まで主たる営業所（本店）が所在する都道府県の担当課に提出し、都道府県担当課にて形式審査を行った後、国土交通省地方整備局に進達されていた。これは、「平成29年の地方からの提案等に関する対応方針」（平成29年12月26日閣議決定）において、この都道府県経由事務は廃止する方向で、地方公共団体及び事業者の意見を聴きつつ、申請手続の電子化と併せて検討する、という方針が決定されたことにより、直接申請に変わった。これに伴い、それまで都道府県による軽微な補正や書類の不備などの形式審査の部分が省略されることになるので、地方整備局による審査負担が大きくなり、申請から行政処分（許可・不許可）までの時間が増大したり、問い合わせが殺到したり、申請実務が混乱するおそれがある。各許可業者・行政書士はこのことを念頭に入れつつ、なるべくスムーズに審査できるような申請書の作成・確認書類の準備を、今まで以上に心がけなければならない。

（４）営業所

営業所とは、本店、支店、もしくは常時建設工事の請負契約を締結する事務所をいう（令１条）。本店、支店は、常時建設工事の請負契約を締結していないとしても、他の営業所に対し請負契約に関する指導監督を行う等、建設業に係る営業に実質的に関与するものであれば営業所に該当する。

「常時建設工事の請負契約を締結する事務所」とは、請負契約の見積り、入札、協議の契約締結等請負契約の締結に係る実態的な行為を行う事務所をいい、契約書の名義人が当該事務所を代表する者であるか否かは問わない（事務ガイドライン【第３条関係】２）。

申請実務においては、営業所としての要件を備えているか否かの確認事項として、下記７点の事項について留意されたい。

① 外部から来客を迎え入れ、建設工事の請負契約締結等の実体的な業務を行っていること

② 固定電話、机、各種事務台帳等を備えていること

③ 契約の締結等ができるスペースを有し、かつ、居住部分、他法人又は他の個人事業主とは間仕切り等で明確に区分されているなど独立性が保たれていること

④ 事務所としての使用権原を有していること

⑤ 看板、標識等で外部から建設業の営業所であることが分かるように表示してあること、

等が判断要素になり、さらに後述する許可要件に関わる

⑥ 経営業務の管理責任者又は令３条に規定する使用人（建設工事の請負契約締結等の権限を付与された者）が常勤していること

⑦ 専任技術者が常勤していること

を満たす必要がある。これらは、写真や平面図等の提出や、場合によっては立入調査を行うことによって確認される。

処分事例

有限会社Ｉの営業所の所在地が確知できないため、平成29年９月28日付長野県報でその旨を公告したが、公告後30日を経過しても当該建設業者から申出がなかった。このことは法29条の２第１項に該当し、許可の取り消し処分とする（2017年11月13日長野県知事）。

営業所と軽微な建設工事

「営業所」と軽微な建設工事の関係について、深く掘り下げていきたい。

例えば、東京都が本店で埼玉県と神奈川県に支店がある業者において、これまで本店・支店が軽微な建設工事（内装）のみを請け負っていたとする。この業者が東京本店を主たる営業所として内装工事業の許可を取得したが、埼玉県と神奈川県においては、専任技術者を営業所に専任させることができず、「営業所」として申請できなかった。この場合、埼玉支店と神奈川支店では、建設業許可を取得できないため、建設工事の請負契約を締結することはできない。

では、軽微な建設工事を請け負う場合はどうか。軽微な建設工事であれば、許可の取得は不要であるため、問題なく請け負うことができそうだが、国土交通省はこれを明確に否定している。

すなわち、国土交通省は、建設業許可を取得した建設業者の「営業所」を、当該許可を取得した営業所だけでなく、当該建設業者が取得した当該許可に係る建設業を営むすべての営業所と解して取り扱う。

したがって、許可を受けた業種について軽微な建設工事のみを請け負う場合であっても、届出をしている営業所以外においては、当該業種について営業することはできないこととなる（事務ガイドライン【第３条関係】

2）。

許可を受けた業種について軽微な建設工事のみ行う営業所についても、法に規定する営業所に該当し、当該営業所が主たる営業所の所在する都道府県以外の区域内に設けられている場合は、国土交通大臣の許可が必要であるものとして取り扱う（事務ガイドライン【第3条関係】1(1)）。●

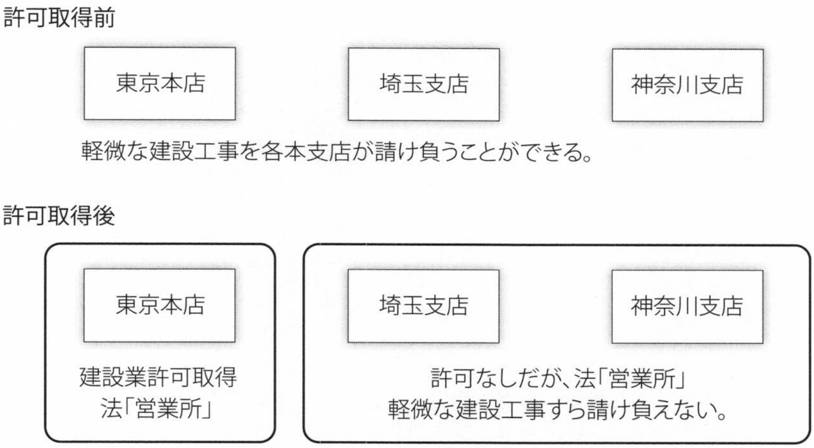

許可取得前

東京本店　埼玉支店　神奈川支店

軽微な建設工事を各本支店が請け負うことができる。

許可取得後

東京本店
建設業許可取得
法「営業所」

埼玉支店　神奈川支店
許可なしだが、法「営業所」
軽微な建設工事すら請け負えない。

冒頭の例に戻って考えると、この業者は、埼玉県と神奈川県の支店では軽微な建設工事（内装）ですら請け負うことはできない。各支店で請け負うことができるようにするには、大臣許可を取得する（許可換え新規申請：現在有効な許可を受けている行政庁から有効な許可を受けている許可行政庁以外の許可行政庁に申請する場合）必要がある。もっとも大臣許可を取得するということは、営業所ごとに専任技術者を専任させるだけの技術者確保が必要であるため、当然に許可取得のハードルは高くなる。

「許可を取ったら仕事が増える」ことが一般的であるが、その例外が当該事例といえよう。許可を取ることで、支店は身動きが取れなくなる。会社の成長過程において、技術者の養成・確保と許可取得管理をバランスよく行うためには、定期的な社内分析と中長期の成長計画の策定が必要であるといえる。

（5）建設業の種類

区分	建設業の種類	建設工事の内容
一式工事 （2業種）	土木工事業 建築工事業	総合的な企画、指導、調整のもとに土木工作物・建築物を建設する工事 ※大規模又は施工が複雑な工事を原則として元請業者の立場で総合的にマネジメントする事業者向けの業種
専門工事 （27業種）	大工工事業、左官工事業、とび・土工工事業、石工事業、屋根工事業、電気工事業、管工事業、タイル・れんが・ブロック工事業、鋼構造物工事業、鉄筋工事業、舗装工事業、しゅんせつ工事業、板金工事業、ガラス工事業、塗装工事業、防水工事業、内装仕上工事業、機械器具設置工事業、熱絶縁工事業、電気通信工事業、造園工事業、さく井工事業、建具工事業、水道施設工事業、消防施設工事業、清掃施設工事業、解体工事業	各工事の内容は、昭和47年3月8日建設省告示350号（最終改正平成29年11月10日国土交通省告示1022号）参照。

建設業許可は、建設工事の完成を請け負う営業、すなわち建設業（法２条１項、２項）を営む以上、上記の29の建設業の種類（業種）ごとに受けなければならない。各業種の建設工事の内容は、「建設業法第２条第１項の別表の上欄に掲げる建設工事の内容」（昭和47年３月８日建設省告示350号）に明示されている。また、建設工事の業種区分の考え方については事務ガイドラインで説明されているので、参照されたい。

建設業許可は業種別に許可取得が必要であるため、許可が必要な業種が複数ある場合は、それらのすべてにおいて許可を受けなければならない。ただし、本体工事に附帯する工事（法４条、48頁参照）については、本体工事と併せて請け負うことができる場合があり、別途、附帯工事のための建設業許可の取得は必要ない。しかし、工事の態様によっては本体工事に附帯しないと判断される場合もあるため、法違反にならないよう十分な注意が必要である。

なお、土木・建築一式工事に係る業種の許可があっても、各専門工事に係る業種の許可がない場合は、請負代金の額が500万円以上の専門工事を単独で請け負うことはできない。

◆ 関連判例　土木・水道区分の判断に関する事案

実務の現場でしばしば区別に苦労する土木一式工事と水道施設工事の考え方について、司法の考え方を紹介する。

秋田県山本郡琴丘町（現山本郡三種町）の住民Ｘが、琴丘町と被告建設会社Ｙ間の指名競争入札による請負契約が無効であることを提訴した本件は、無効の理由として、本件工事の内容に照らし合わせて、Ｙが適切な許可業種を取得していないことを挙げた。これに対し地裁は、以下の通り判断した。

建設業法に定める別表及び道標掲記の各工事内容の概念を明らかにした昭和47年３月８日建設省告示350号によれば、本件各請負工事はいずれも主として、上水道のための取水、浄水、配水等の施設を築造する工事といえ、同別表上の水道施設工事に該当する工事と解せられるものである。「しかしながら他方、本件各工事内容の中には、いずれもいわゆる土木工事とみられる工事もかなりの程度含まれていることや、本件簡易水道新設工事が琴丘町の上岩川地区、鹿渡地区等広範囲にわたる水道施設の設置という、かなり大規模な工事」であって、「総合的な企画、指導、調整のもとに当該水道施設を建設する工事であると認められることに鑑みれば、本件各工区の工事とも、右別表に定める、総合的企画、指導、調整のもとに土木工作物を建設する工事である土木一式工事も複合的に組み合わされている」とした。また、同時に電気計装設備工事が本件工事に含まれているのに関連する業種の許可を取得していないことも問題となっていたが、その点については、「いわゆる水道施設工事に付随した工事と評されることや、費用面等における第一工区の工事全体中に占める同工事の比重に照らせば、建設業法第４条所定の「附帯工事」に該当する」とした。この附帯工事該当判断については、本件電気計装設備工事の具体的内容が、取水井水位計、取水量推計等水道施設における計装機械を設置する工事であり、見積金額も工事費総額２億6263万9000円に対して4810万3000円と全体額の２割に満たないことを根拠としている。

上記の判断をもとに、本件では、施工業者の許可業種と工事の種類の不一致という違法の事実はないとし、さらに、別の工区（第三工区）については、確かに水道施設工事の許可業種があるべき工事にもかかわらず土木一式工事の許可しかない状態が上記工区（第一工区）よりも強い事実があるものの、「土木工事とみられる工事が相当程度の比重を占めており、右許可業種と工事の種類との間の不一致の程度はさほど重要なものとはいえない」こと、さらに建設業法１条の趣旨から「建設業が無許可で現実になされること自体を行政的立場から取り締まることを直接の目的とする取締法規にすぎず、直ちに同法条の違反行為の私法上の効果までをも否定する趣旨と解すべきではない」ことより、本件の請負契約は無効とするＸの主張を退けた（秋田地判平成２年11月15日判時1385号47頁）。

行政における土木一式・水道施設工事・管工事の区分の考え方については、事務ガイドライン【第２条関係】を参照されたい。

■ 法令適用事前確認手続　ハイブリッドケーソン

港湾の防波堤で用いられるハイブリッドケーソン（鋼殻と鉄筋コンクリートから成るケーソン）の製作は、防波堤という特殊な事情が背景に、しばしば建設工事に該当するか、建設業許可の要否が問題となる。

ハイブリッドケーソンは、港湾に据え付ける以上、製作→進水→曳航→設置という過程をたどることになる。この過程は造船業にも共通することが多く、造船が建設業に含まれないこととの整合性をどう考えるかも重要である。

この点、国土交通省は、「製作場所」と「どこまで業務を担当するか」を判断要素としている（必ずしもこれだけではない）。

例えば、ハイブリッドケーソンの製作場所が「請負者の自社工場」である場合、製作のみを請け負う場合は建設工事に該当しない製造請負と解せるが、そこから曳航を経て現地で据付する場合は建設工事に該当し、許可が必要になる可能性が高い（平成24年12月28日回答）。

一方、自社工場での製作であっても、その過程で工場を移動（曳航）させているなど、一般的な製造請負といえないような事実がある場合は、建設工事に該当し、許可が必要になる可能性が高い（平成26年３月26日回答）。

製作だけ請け負うにしても、どのような工程をたどるかによって判断が変わるので注意が必要である。

なお、ハイブリッドケーソンの製作が製造請負でない場合は、とび土工コンクリート工事、鋼構造物工事又は土木一式工事に該当する（平成26年３月26日回答）。

■ **法令適用事前確認手続　建設工事の周辺**

① 医療用ＭＲＩ装置の使用に供するシールドルームに関し、技術研究・商品開発をし、開発したシールドルームの建設を顧客に宣伝し、顧客が希望すれば建設業許可業者を紹介し、商品ライセンス料と紹介手数料を建設業者から受ける契約行為は、法３条１項の適用を受けない（平成25年10月21日回答）。

② 石油・天然ガス資源ポテンシャル把握のための基礎試錐業務は採掘過程で採取する試料等から地下情報を調査することを目的とするものであり、法３条１項の適用を受けないが、具体的な要否判断は契約の目的による（平成25年７月12日回答）。

③ 選果で使う、選別機の販売・新規設置は、設置フロアでの組み立て、アジャスターボルトでの設置、配線はプラグを電源コンセントに差し込むだけでフロアや建物の壁に一切の工作を加える必要がない事実を考慮して、法３条１項の適用を受けないとした（平成24年７月30日回答）。

④ パソコン、サーバー、ルーター等の新規設置は、ねじでラックに仮留めするだけで配線は電源コンセントに差し込むだけであることを考慮して、法３条１項の適用を受けないとした（平成22年４月８日回答）。

契約の内容、工事の具体的内容を検証し、審査行政庁がどのように判断するか、上記の要素を参考に審査行政庁に事前相談することを勧めたい。

■ **法令適用事前確認手続　太陽光と屋根**

戸建住宅の屋根に屋根材と不可分一体となっている太陽光発電装置（モジュール部分）を設置し、屋根葺替工事を請け負う場合（配線工事は電気工事許可業者が行う）、屋根工事業に該当する（事務ガイドライン【第2条関係】2(6)③参照）。

そもそも建設工事とは!?

そもそも建設工事とは何なのか、当たり前のことのようで実務上さまざまな場面で問題となるのであえて言及したい。

建設業法は、戦後間もない昭和24年に制定され、戦後復興事業や占領軍関連工事の急増とそれに伴う弊害を回避する背景で成立した。そのような背景で成立したこと、時代とともに発注者の要請や技術力の改善等により工事の内容が変わっていること等もあり、建設工事に該当するかしないか、というのは意外と判断が難しい場合がある。

まず、建設業法上の記載を確認すると、「土木建築に関する工事で別表第１の上欄に掲げるもの」（法２条１項）とある。業種の列挙のみの説明である。もう少し具体的に分析するにあたっては、一般的に「建設工事」と絶対にいうことができる建物の工事をヒントにしてみたいと思う。

思うに、建物を建てるということの特徴は、さまざまな建材が合わさって、最終的に建物として土地に定着することにある。建物は、日本の不動産制度により特別に「建物」として独立の不動産といえるが、それ以外の定着物（民法86条）は土地の定着物となる（石垣や木、移動困難な庭石など）。したがって、手を加えることによって最終的に土地もしくは建物に定着したかどうかが建設工事の判断基準の一つになるかもしれない。

紹介した法令適用事前確認手続においてもハイブリッドケーソンが防波堤として定着するか製作するだけか、機械を建物内部に定着するかどうか、コンセントを差し込むだけか、太陽光パネルを屋根に定着させるか、運ぶだけかというのが判断基準の一つになっていることが垣間見える。

そのほかにも例えば剪定作業のみをする場合は、定着するとはいえず一般的には工事とはいえない。また、いわゆる「人工出し」（技術者を現場に派遣すること）そのものは工事に該当するとはいえない（そもそも労働者派遣法等に抵触する可能性にも気をつけなければならない）。保守点検作業などの維持管理も工事に該当するとはいえない。

建設業の現場では、工事と一言にいってもさまざまなことを行っている。一つの契約書（注文書・請求書）を細かく見てみると、工事といえるもの（例えば一般的な造園）、委託サービスといえるもの（例えば剪定）、人工出しなどが混在しているかもしれない。

ただし建設業法上は、これらを明確に区別して分析しなければならない。軽微な建設工事（法３条１項ただし書）に該当するのか、許可が必要な建設工事に該当するのか（法令適用事前確認手続はこの部分の照会が多い）、兼業と扱うべきなのか（財務諸表で主に影響がある）、経営業務の管理責任者や専任技術者の経験性の裏付けとなるか、といった場面でそれぞれ大きな問題となる。また、許可制度の後にあるといえる経営事項審査制度や入札制度でも、完成工事高に工事以外が入り込んでいないか、入札における「工事」以外（「物品」や「業務委託」と呼ばれる）と混同はないかといった場面で影響がある。

この業務は工事か、委託や派遣かどうかは定着したかどうかとともに発

注者の意思を考慮して、忘れることなく判断する必要がある。●

解体工事業が許可制度の仲間入り

平成28年6月1日から、それまで「とび・土工工事業」の中にあった解体工事が独立して、「解体工事業」となった。建設業法の許可制度としては、昭和46年4月の改正時に許可制度が導入された折に、業種区分の統合・追加が行われ、26業種が28業種になって以来、実に約40年以上ぶりの改正となった。平成26年に起こった笹子トンネル天井板落下事件がきっかけとなり、近年多発する解体工事における事故（外壁の崩落等）に対応するための仲間入りといわれている。

これは建設業法に基づく許可であり、請負代金の額が500万円以上の工事を行うときに必要となるわけだが、この改正以前も、解体工事を行うには、請負代金の額が500万円未満の工事であっても、「建設工事に係る資材の再資源化等に関する法律」（建設リサイクル法）により、建設業法の土木工事業、建築工事業又はとび・土工工事業の許可を持たずに施工するときには、都道府県知事への登録が必要であった。登録が必要であることは、改正後も変更ないが、令和元年6月1日以降は、土木工事業、建築工事業又は解体工事業の許可を受ければ、建設リサイクル法の登録は必要ない。

なお、本来の解体工事業の許可要件を満たす技術資格者でない者（改正建設業法の施行日において、とび・土工工事業の技術者であった者）を、専任技術者として経過措置期間に選任していた業者は、令和3年4月1日以降は、要件を満たす専任技術者がいないと、解体工事業の建設業許可を維持できないので注意が必要である。●

（6）一般建設業と特定建設業

建設業を営もうとする者が発注者から直接請け負う１件の建設工事につき、その工事の全部又は一部を、下請代金の額（その工事に係る下請契約が２以上あるときは、下請代金の額の総額）が4000万円以上（建築一式工事の場合は6000万円以上（令２条））となる下請契約を締結して施工しようする場合は、特定建設業に区分され、その許可を受けなければならない（法３条１項２号）。この特定建設業は、発注者から直接請け負う「元請」業者が下請に出す場合における金額を基準としているが、二次以降の下請業者に対する下請契約金額の制限は問題とならない。

金額制限はすべて「以上」であり、「超える」ではないことに注意が必要である。また、上記下請代金の額には、元請負人が提供する材料等の価格は含まない（事務ガイドライン【第３条関係】４）。上記金額制限に該当しない元請業者及び二次以降の下請業者は、一般建設業の許可区分となる。

許可は、一般建設業と特定建設業の別に区分して行うものであり、一の許可業種について、同時に一般建設業の許可と特定建設業の許可が重複することはあり得ない。ただし、一の建設業者につき二以上の業種についてそれぞれ一般建設業の許可及び特定建設業の許可をすることは問題ない（事務ガイドライン【第３条関係】1(2)）。

特定建設業が許可制度として存在する趣旨は、「下請業者の保護」と、建設業者による「建設工事の適正な施工の確保」の２点にある。下請業者にとって、元請業者に財産的基礎がなく資金繰りが危ない状況があるとすると、下請金額を不当に低くされたり、無理な工期を強いられたりして、建設工事の適正な施工を確保することができないという危険性をはらむことになる。

したがって、特定建設業許可においては専任技術者と財産的基礎要件において非常に厳しいハードルを設けている（詳細は、特定建設業の許可の項目において後述する）。

処分事例

有限会社Ｄは、公共工事において特定建設業の許可を受けずに法３条１項２号の政令で定める金額以上の下請契約を締結し、本件工事において施工体制台帳を作成しなかった。これらのことは法28条１項２号に該当し、営業停止処分とする（2016年６月23日福岡県知事）。

処分事例

株式会社Ｍは、特定建設業の許可を受けずに法３条１項２号の政令で定める金額以上の下請契約を締結した。これらのことは28条１項２号に該当し、営業停止処分とする（2017年２月16日高知県知事）。

（７）許可の有効期間と更新

許可は、５年ごとにその更新を受けなければ、その期間の経過によって、その効力を失う（法３条３項）。効力を失うということは、軽微な建設工事を除き営業をすることができなくなるということである。許可のあった日から５年目の許可日に対応する日の前日をもって満了となり、許可の有効期間の末日が、日曜日等の行政庁の閉庁日であっても同様の取扱いになってしまう。

したがって、引き続き建設業を営もうとする場合には、期間が満了する日の30日前までに、当該許可を受けた時と同様の手続により更新の手続を取らなければならない（規則５条）。

なお、更新申請が受理された場合において、許可の有効期間の満了の日までにその申請に対する処分がされないときは、従前の許可は、許可の有効期間の満了後もその処分がされるまでの間は、なおその効力を有する（法３条４項）。

ただし、この場合において許可の更新がされたときは、その許可の有効期間は、許可された実際の日ではなく従前の許可の有効期間の満了の日の翌日から起算するものとする（法３条５項）。

一般建設業の許可を受けた者が、当該許可に係る建設業について、特定建設業の許可を受けたときは、一般建設業の許可は、その効力を失う（法３条６項）。

上記、建設業法上の原則を応用し、「般・特新規」（一般許可若しくは特定許可を受けている者が、新たに受けていない許可を申請する場合）に係る取扱いについては下記の通りとなっている。

建設業者から、
①　一般建設業の許可の有効期間の満了の日以前に当該許可に係る建設業について特定建設業の許可への移行に係る申請があった場合若しくは、
②　特定建設業の許可の有効期間の満了の日以前に当該許可に係る建設業について一般建設業の許可への移行に係る申請があった場合であって、当該有効期間の満了の日までに当該申請に対する処分がされないときは、当該申請は、法３条４項に規定する「更新の申請」とみなして取り扱う。

したがって、般・特新規申請があった場合において、従前の許可の有効期間の満了の日までに当該申請に対する処分がされないときは、

①の場合にあっては一般建設業の許可の有効期間満了後特定建設業の許可に係る処分がされるまでの間は一般建設業の許可は、
②の場合にあっては特定建設業の許可の有効期間満了後一般建設業の許可に係る処分がされるまでの間は特定建設業の許可は、
なおその効力を有するものとして取り扱う（事務ガイドライン【第3条関係】7）。

また、仮に許可の更新の申請に基づく審査の結果、従前の許可の有効期間の満了後に不許可処分とされた場合であっても、当該不許可処分がされるまでの間は、法3条4項の規定により、従前の許可はなお効力を有するものとされる。

この場合、従前の許可の有効期間の満了後、当該不許可処分が行われるまでの間に締結された請負契約に係る建設工事については、当該不許可処分が行われたことにより従前の許可がその効力を失った後も、法29条の3第1項の規定により継続して施工することができる（事務ガイドライン【第3条関係】8）。

許可の一本化について

許可業者が業種追加して複数の許可を取得した場合は、それぞれの業種につき許可年月日及び許可の有効期間が異なることになってしまうが、そのように取り扱うと、許可行政庁の許可事務の円滑化を阻害し、建設業者にあっては許可の更新時期の失念等の原因ともなり、法の適正な運用を図る上で不都合を生ずることとなる。

そこで、以下のように取り扱うこととされている。

①　一つの許可の更新を申請する際に、できるだけ有効期間の残って

いる他の建設業の許可についても同時に1件の許可の更新として申請させるものとし、すべてをあわせて1件の許可の更新として許可するものとする。

② 一の業者がすでに許可を受けたあと、さらに他の建設業について追加して許可の申請をしようとする場合には、有効期間の残っている従来の建設業の許可についても同時に許可の更新を申請することができるものとし、追加の許可と許可の更新（別個に二以上の許可を受けている場合はそのすべて）とをあわせて1件として許可することができるものとする。

ただし、この場合、追加する許可申請について、ある程度の審査期間が必要となるため、それと同時に更新を申請することができる従来の建設業の許可の有効期間は、原則として6カ月以上残っていることを必要とする。

上記①②に従った許可の「一本化」制度が認められており（事務ガイドライン【第3条関係】5）、許可申請の際には、積極的に利用すべきである。

ただし、この一本化制度は、「できるだけ」、「することができる」という表現がなされていることからわかるように義務規定ではない。例えば、何十年もある業種の許可を取得して営業してきた業者にとって許可年月日（5年ごとに年は変わるが月日は変わらない）は、その業者の歴史であり記念日にも等しいと考えることも少なくない。このような業者が業種追加した際、この一本化制度を利用すると許可年月日が変わってしまい、大きな問題に発展することにもなりかねない。どの時期に業種追加をすべきか、一本化をするかしないか等、申請の際には業者の意向を踏まえた注意が必要である。

（8）許可の条件

国土交通大臣又は都道府県知事は、建設業許可に条件を付し、及びこれを変更することができる（法３条の２第１項）。この条件は、建設工事の適正な施工の確保及び発注者の保護を図るために必要な最小限度のものに限り、かつ、当該許可を受ける者に不当な義務を課することとならないものでなければならない（法３条の２第２項）。

許可要件のうち、請負契約に関する誠実性、財産的基礎等の要件をより長期にわたって継続的に充足させるために当該条件を付すことができることを定めている。

許可の条件は、建設工事の適正な施工の確保及び発注者の保護を図ることを目的（法１条）として、許可の効果に制限を加えるものである。したがって、付することができる条件は、こうした目的に照らして一定の制約があり、どのような場合にどのような条件を付するかは、個別具体的な事例に即して判断することになる。

例えば、財産的基礎の要件において、自己資本の額、資本金の額、申請者の経営状況等を総合的に判断し、許可の有効期間中に当該財産的基礎要件を有しなくなり、適切な営業活動や建設工事の適正な施工が担保できなくなるおそれがあると認められるときに、「一定の財産的基礎の水準を継続的に維持すること」や「財産状況、事業実績等を定期的に許可行政庁へ報告すること」という条件を付されることがある。

また、例えば、請負契約に関する誠実性として、許可申請時には満たしているものの更新申請前に役員等が暴力団の構成員であったり、暴力団の構成の実質的な支配下に営業を行った実績等があったり、適切な営業活動や建設工事の適正な施工が確保できなくなるおそれがあると認められる場合に、「許可を取得した後も暴力団の構成員を役員等としないこと」、「暴力団の構成員の実質的な支配のもとに営業を行わないこと」

という条件を付されることがある。

　また、法令上の義務を履行することを許可の条件として付することも可能ではあるが、この場合には、当該条件違反があったとしても、法29条1項6号8に該当する場合を除き、法29条2項の規定により許可を取り消す前に、当該義務の履行を確保するための指示をし、又は営業停止を命ずることになる。

　なお、経営業務の管理責任者・営業所の専任技術者に掲げる基準については、これら要件を満たさなくなれば法29条1項1号に該当するものとして許可を取り消さなければならないので、当該基準を満たさなくなった場合に関する条件を付する余地はない（事務ガイドライン【第3条の2関係】）。

（9）附帯工事

　建設業者は、許可を受けた建設業に係る建設工事を請け負う場合において、当該建設工事に附帯する他の建設業に係る建設工事を請け負うことができる（法4条）。

許可業種の工事のみ請け負うことができるのが建設業法上の原則であるが、建設工事の目的物は各業種の専門工事の組み合わせで完成するものである以上、原則を厳格に解すると注文者や請負人にとって不便なものとなるので、「附帯する」工事に限って請け負うことができるとしている。

　この附帯工事とは、主たる建設工事を施工するために必要を生じた他の従たる建設工事又は主たる建設工事の施工により必要を生じた他の従たる建設工事であって、それ自体が独立の使用目的に供されるものではないものをいう。建設業法が発注者の保護を目的に掲げている以上、附帯工事に該当するかどうかの判断についても工事内容の実態や発注者の意思が重視されるべきであろう。

「附帯工事」にあたるか否かの具体的な判断に当たっては、建設工事の注文者の利便、建設工事の請負契約の慣行等を基準とし、当該建設工事の準備、実施、仕上げ等に当たり一連又は一体の工事として施工することが必要又は相当と認められるか否かを総合的に検討する（事務ガイドライン【第４条関係】）。

附帯工事は、「主たる建設工事に附帯する従たる建設工事であるので、受注した建設工事の内容に包含されるものであり、原則として、附帯工事の工事価格が主たる建設工事の工事価格を上回ることはない」（建設業法令遵守ハンドブック【ポイント編】国土交通省 東北地方整備局）といったように、工事価格の割合を判断要素に組み込む許可行政庁も多い。司法においても工事価格の割合を判断要素の一つにしていることが垣間見える（前掲秋田地判平成２年11月15日）。

ただし、工事価格の割合のみで判断することは逆に発注者の保護趣旨から外れる場合もあり（例えば煙突のほんの一部の改修を行う附帯工事として足場を組む場合、足場等仮設工事が工事価格のほとんどを占めてしまう場合などはその例といえよう）、やはり工事内容の実態と発注者の意思を判断要素の基礎とすべきであろう。

また、附帯工事であっても、当該附帯工事に関する建設業の許可を受けている場合、及び請負代金の額が許可の適用除外の金額である場合は、附帯工事とは解さない（建設業法令遵守ハンドブック【ポイント編】国土交通省 東北地方整備局）。

この附帯工事を実際に施工する場合には、当該建設工事に関しその業種の許可を受けるために必要な技術者を自ら置いて施工するか、当該附帯工事に係る建設業の許可を受けた建設業者に下請として当該附帯工事を施工させなければならない（法26条の２第２項）。

2◆一般建設業の許可（法5条〜8条）

ここでは、一般建設業の許可要件を中心に、申請において必要な添付書類・確認書類を建設業法上の観点から解説する。建設業許可では、5つの許可基準（経営業務の管理責任者、適切な社会保険への加入、営業所の専任技術者、誠実性、財産的基礎）と欠格要件から審査される。以下、それぞれの要件について、概説していく。

（1）経営業務の管理責任者（法7条1号[6]）

経営業務の管理責任者とは、業務を執行する社員、取締役、執行役若しくは法人格のある各種の組合等の理事等、個人の事業主又は支配人その他支店長、営業所長等営業取引上対外的に責任を有する地位にあって、経営業務の執行等建設業の経営業務について総合的に管理した経験を有する者（事務ガイドライン【第7条関係】1(1)⑤）である。

経営業務の管理責任者は、許可を受けようとする建設業について、1業種ごとにそれぞれ個別に置いていることを求めるものではない。2業種以上の許可申請を行う場合において、1人の経営業務の管理責任者が2業種以上の要件を満たしているときは、その者をもって経営業務の管理責任者の要件を満たしているとして取り扱う。

なお、経営業務の管理責任者の要件を満たす者が、専任技術者の要件も満たしている場合には、同一営業所（原則として、本社又は本店等）内に限って当該技術者を兼ねることができる（事務ガイドライン【第7条関係】1(1)⑩)。

建設業法における「経営業務の管理責任者」要件は非常に難解な構造となっているので、法令と照らし合わせながら、以下の内容を確認されたい。

6）改正法7条1号は、「建設業に係る経営事務の管理を適正に行うに足りる能力を有するものとして国土交通省令で定める基準に適合する者であること」とし、省令基準は規7条1号に定められている。

まず、経営業務の管理責任者は、原則として本店（主たる営業所）にいれば足り（事務ガイドライン【第７条関係】1(1)②)、支店（従たる営業所）に常勤する必要はない。発注者保護のために各営業所において工事契約締結・履行等において専門的知識を有した技術者を必要とする専任技術者制度と異なり、会社・事業主全体の経営管理を行う「経営業務の管理責任者」は「専任」ではなく「常勤」が求められていることからも推測できる。

なお、建設工事の請負契約の締結及びその履行に当たって、一定の権限を有すると判断される者、すなわち、支配人及び支店又は営業所（主たる営業所を除く。）の代表者である者を「建設業法施行令第３条に規定する使用人」、いわゆる「令３条使用人」という。

この「令３条使用人」は、従たる営業所の代表（支店長）などを指すが、当該営業所において締結される請負契約について総合的に管理することが求められ、原則として、当該営業所において休日その他勤務を要しない日を除き一定の計画のもとに毎日所定の時間中、その職務に従事していること（常勤性）が要求される。経営業務の管理責任者の要件と似ているところがあるものの、中身は異なるので注意が必要である（事務ガイドライン【第５条及び第６条関係】2(12))。

建設業法における経営業務管理責任者の類別は下表の通りである。なお、改正法において、根拠となる法令が大幅に変わっているので注意を要する。常勤役員等を直接に補佐する者（以下「直接補佐者」という。）を置くことで常勤役員等の経験不足を補う要件区分が新たに設けられたが（規７条１号ロ）、その詳細な運用については各審査行政庁において解釈に違いがみられている。

経営業務管理責任体制新設の背景

これまでは、「経営業務管理責任者」という１人体制で建設業者の取引安全を担保してきた。しかし、業界全体の高齢化・先細り化に歯止めをかけるべく、「持続可能な事業環境の確保」という観点から、複数人体制で建設業者の取引安全を担保する「経営業務管理責任体制」を認めることができるようになった。具体的には、従来からの概念の経営業務管理責任者（規７条１号イ）に満たす者がいなくても、規則７条１号ロ該当で、イ該当に満たない常勤役員（経験不足な経管といえるか）に直接補佐者を付けることで経管要件を認めていくことになる。

この改正の誤解が多いところでは、必ずしも新規許可が取りやすくなった、などの「緩和」ではない。あくまでも「持続可能な事業環境の確保」という趣旨からもわかるように、例えば、今までの経営業務管理責任者が引退を準備するにあたり、社内にイ該当（１人体制パターン）がおらず、廃業を選択せざるを得ないような事例を救済することを想定しているといえよう。

「国土交通省令で定める基準」法７条１号

建設業法施行規則７条１号		建設業許可事務ガイドライン【7 条関係】
イ　常勤役員等のうち一人が次のいずれかに該当する者であること。	（1）　建設業に関し、５年以上経営業務の管理責任者としての経験（④）を有する者	「常勤役員等」とは、法人である場合においてはその役員（①）のうち常勤（②）であるもの、個人である場合にはその者又はその支配人（③）をいう。

	（2） 建設業に関し、５年以上経営業務の管理責任者に準ずる地位にある者（経営業務を執行する権限の委任を受けた者に限る。）として、経営業務を管理した経験を有する者	業務を執行する社員、取締役又は執行役に準ずる地位にあって、建設業の経営業務の執行に関し、取締役会の決議を経て取締役会又は代表取締役から具体的な権限委譲を受けた執行役員等（⑤）
	（3） 建設業に関し、６年以上経営業務の管理責任者に準ずる地位にある者として経営業務の管理責任者を補助する業務に従事した経験を有する者	「経営業務の管理責任者を補助する業務に従事した経験」は、「補佐経験」（⑥）という。
ロ 常勤役員等のうち一人が次のいずれかに該当する者であって、かつ、財務管理の業務経験（許可を受けている建設業者にあっては当該建設業者、許可を受けようとする建設業を営む者にあっては当該建設業を営む者における５年以上の建設業の業務経験に限る。以下このロにつ	（1）建設業に関する２年の役員等としての経験を有し、かつ、５年以上建設業に関する財務管理、労務管理又は業務運営の業務を担当する役員等又は役員等に次ぐ職制上の地位（⑦）にある者としての経験を有する者 ○直接補佐者（⑦）として、次の全ての者を置くこと。	「財務管理の業務経験」とは、建設工事を施工するにあたって必要な資金の調達や施工中の資金繰りの管理、下請業者への代金の支払いなどに関する業務経験（役員としての経験を含む。以下同じ。）をいう。 「労務管理の業務経験」とは、社内や工事現場における勤怠の管理や社会保険関係の手続に関する業務経験をいう。 「業務運営の経験」とは、会社の経営方針や運営方針の策定、実施に関する業務経験をいう。これら

いて同じ。）を有する者、労務管理の業務経験を有する者及び業務運営の業務経験を有する者を当該常勤役員等を直接に補佐する者としてそれぞれ置くものであること。	a　建設業の財務管理の業務経験５年を有する者 b　建設業の労務管理の業務経験５年を有する者 c　建設業の業務運営の業務経験５年を有する者	の経験は、申請を行っている建設業者又は建設業を営む者における経験に限られる。 「直接に補佐する」とは、組織体系上及び実態上常勤役員等との間に他の者を介在させることなく、当該常勤役員等から直接指揮命令を受け業務を常勤で行うことをいう。
	（２）　建設業に関する２年の役員等としての経験を含む、５年以上（建設業に限らず）役員等としての経験を有する者 ○　補佐者を置くこと。（上記ａ～ｃの全ての者）	
	ハ　国土交通大臣がイ又はロに掲げるものと同等以上の経営体制を有すると認定したもの。	

以下、前掲の表に関し、解説する。

①「役員（業務を執行する社員、取締役、執行役又はこれらに準ずる者をいう。以下同じ。）」

まず、経営業務の管理責任者になり得る者は役員でなければならないわけだが、この「役員」に含む者として、四つ明示されている。それぞれの定義は、以下の通りである。

「業務を執行する社員」：持分会社の業務を執行する社員

「取締役」：株式会社の取締役

「執行役」：指名委員会等設置会社の執行役

「これらに準ずる者」：法人格のある各種組合等の理事等をいい、執行役員、監査役、会計参与、監事及び事務局長等は原則として含まない。ただし、業務を執行する社員、取締役又は執行役に準ずる地位にあって、許可を受けようとする建設業の経営業務の執行に関し、取締役会の決議を経て取締役会又は代表取締役から具体的な権限委譲を受けた執行役員等については、「これらに準ずる者」に含まれる（事務ガイドライン【第7条関係】1(1)①）。

平成28年における経管要件緩和と執行役員

経営業務の管理責任者は、昭和46年の許可制度創設当時に要件として確立したが、会社法の新設・改正を経たことにより、企業ごとの取締役の人数が減少し、執行役員制度が導入されるなど、企業における業務執行のあり方が変化し、また多種多様になってきている。

こうした周辺環境の変化・変遷を踏まえ、国土交通省は、企業実態に沿うよう、経営業務の管理責任者要件を平成28年に緩和すべく改正している。上記の「役員」の中にある「これらに準ずる者」に、上記の「許可を受けようとする建設業の経営業務の執行に関し、取締役会の決議を経て取締役会又は代表取締役から具体的な権限委譲を受けた執行役員」を含めることにしたのもこの平成28年改正からである（平成28年5月17日国土建96号通知（以下「国土建96号通知」という。））。

具体的な要件解説は66頁参照。

② 「常勤」性（規7条1号）

建設業の適正な経営を担保し、発注者を保護するとともに、建設産業の健全な発展を促進するためには、日常の業務の具体的な執行権限を有しない非常勤の役員を「役員」に含めることは妥当ではないことから、日常業務を具体的に執行している役員の「常勤」性を求めている。

ここで「常勤」とは、原則として本社、本店等において休日その他勤務を要しない日を除き、一定の計画のもとに毎日所定の時間中、その職務に従事している状態のことをいう。

例えば、建築士事務所を管理する建築士、宅地建物取引業者の専任の宅地建物取引士等の他の法令で専任を要するものと重複する者は、専任を要する営業体及び場所が同一である場合を除き「常勤であるもの」には該当しない（事務ガイドライン【第7条関係】1(1)②）。

【確認資料】

⇒（例）**健康保険被保険者カード（両面）**[7]**住民票等**[8]

※通勤時間がおおむね片道2時間以上の場合は、実際に通勤していることを裏付ける資料が必要になることが多い。

・その会社に一定額の給与を支給されていることの客観的確認

⇒（例）**健康保険被保険者証、雇用保険被保険者証、厚生年金保険被保険者標準報酬決定通知書、国民健康保険被保険者証、住民税特別徴収税額通知書、報酬等を支払っていることが分かる報酬等の入金記録のある預金通帳、源泉徴収簿、賃金台帳等**

※健康保険被保険者証など会社・該当役員以外の第三者が発行する確認資料をできる限り準備することが必要。賃金台帳等会社自身が作成・管理できるものは、追加でその他の資料の提出・提示を求められる可能性が高い。

7）健康保険被保険者カードの写しの提出（提示）に際しては、被保険者記号・番号のマスキングが必要。事務ガイドライン【第5条及び第6条関係】3.（3）①、「医療保険の被保険者等記号・番号等の告知要求制限について」（令和2年7月8日総務省自治行政局等連名事務連絡）

8）住民票においては、令和2年4月1日以降に簡素化された書類として、大臣許可においては提出が求められないものとなった。

・取締役会の決議により特定の事業部門に関して業務執行権限の委譲を受ける者として選任され、かつ、取締役会の決議により決められた業務執行の方針に従って、特定の事業部門に関して、代表取締役の指揮及び命令のもとに、具体的な業務執行に専念する者であることを確認するための書類

⇒（例）**定款、執行役員規程、執行役員職務分掌規程、取締役会規則、取締役就業規程、取締役会の議事録その他これらに準ずる書類等**

出向社員

出向とは、自分の会社ではない会社で勤務することで、建設業では、親子会社間などで比較的よく利用される。他の会社からの出向社員が、経営業務の管理責任者や専任技術者になることも認められる可能性がある。関東地方整備局をはじめ、各審査行政庁の経営業務の管理責任者要件の確認資料欄にあえて出向社員の記載があることに鑑みても、出向社員が建設業界において多数かつ重要な位置を占めていることが推測できる。経営業務の管理責任者では、出向者の要件該当性において常勤性が審査のポイントになる。出向契約書等で出向先の賃金負担割合やその賃金額により、出向先（許可申請業者）が常勤に見合う賃金を負担し、実態は出向元への勤務でないかを確認する。出向形態や各出向者、そして審査行政庁によって、確認方法が大きく異なる場合があるので、申請時には注意が必要である。社会保険は出向元・出向先どちらが負担しているか、給与の振り込み状況はどうか（複数月確認することも）など、常勤であることを多角的に審査されることが多いので、注意が必要である。

なお、出向社員の多くが問題となるのは、配置技術者としての取扱いである。詳細は第２章で後述する。

他社の役員に就任している場合

企業の経営者は、「横のつながり」を重視している以上、さまざまな企業体のさまざまな役職に率先して就くことが多い。他方、ある程度規模が大きい企業となると、関連子会社を作って事業部門を分けたりして、親会社・子会社の役員を兼任することもよくある。

建設業許可要件としての「経営業務の管理責任者」は「役員」としての「常勤」性が求められる以上、経営者が他社の役員に就任している場合は要注意である。許可を受けようとする法人で常勤であるということは、他社の役員としては非常勤であることが前提になるからである。

この場合、他社において平取締役である場合は、その平取締役業務が非常勤であることの裏付けが必要になる。他社において代表取締役の場合は、さらに注意が必要で、代表取締役に非常勤は通常あり得ない以上、複数代表制となっているか、他社で就任している代表取締役を退任するか、の対応・裏付けが必要になる。また、常勤性の確認資料として求められる社会保険関連において、この役員が申請予定の法人に属していることが確認できるかどうかも忘れてはならない。

申請前においては、申請予定の法人のみならず、周辺の法人関連情報も確認されたい。

廃業届と「立つ鳥跡を濁さず」

「許可」とは、法令上一般的に禁止されている行為について、特定の場合にその禁止を解除し、適法に行えるようにすることをいう。建設業許可はまさに「特定の場合」、すなわち申請者が許可要件に該当する場合において、建設業の営業行為の禁止を解除し、建設工事を適法に行えるようにする行政行為である。

もっとも、許可業者が廃業する際は、どうであろうか。会社をたたむときは、許可審査行政庁に廃業届を提出しない限り、許可によって建設業の営業禁止を解除した状態がそのまま維持されてしまうことになってしまう。

この点、廃業する側からすれば、営業行為自体を終了するのだから、許可取得時の状態を放置していても問題ないようにも思える。しかし、廃業届を出さないと、許可取得状態が維持され、その会社にいる経営業務の管理責任者や専任技術者は、理屈の上では営業所に常勤していることになる。こうした点は、その会社で経営業務の管理責任者や専任技術者であった者が、別の会社で許可を取得する場合等において影響する。

すなわち、廃業する会社内の人間が独立し、新規で会社を設立して建設業を行うとき、又は、他の会社に転職して経営業務の管理責任者や専任技術者の地位に就こうとするとき、廃業会社における許可情報が残存しているため、許可行政庁より常勤性に疑問を持たれてしまい、あるいは、その後の新規会社もしくは転職先会社における経験性についても、廃業の届出を出していないために廃業会社との二重経験ともとられえられかねず、新たな場所で許可等を取得する際に非常に困ることになりかねない。

禁止された行為を解除してもらっていたことを最後に理解し、残された人間に迷惑をかけることがないよう、「立つ鳥跡を濁さず」の精神で会社の閉鎖や廃業届提出等を行うことが重要である。 ●

③　支配人（規7条1号）

営業主に代わって、その営業に関する一切の裁判上又は裁判外の行為をなす権限を有する使用人をいい、これに該当するか否かは、商業登記の有無を基準として判断する（事務ガイドライン【第7条関係】1(1)

③)。

④ 「経験」性（規７条１号イ(1)）

「経営業務の管理責任者としての経験を有する者」とは、業務を執行する社員、取締役、執行役若しくは法人格のある各種の組合等の理事等、個人の事業主又は支配人その他支店長、営業所長等営業取引上対外的に責任を有する地位にあって、経営業務の執行等建設業の経営業務について総合的に管理した経験を有する者をいう（事務ガイドライン【第７条関係】１(1)⑤)。

【確認資料】

・営業取引上対外的に責任を有する地位経験の確認

⇒（例）履歴事項全部証明書、閉鎖事項全部証明書、過去の許可申請書副本、確定申告書控等（全ての書類について５年分）

・建設業の経営業務について総合的に管理した経験の確認

⇒（例）建設業許可を受けて経営した事実、契約書、請求書、請書、注文書、請負金額の入金記録（預金通帳等）等（全ての書類について５年分）

※契約の双方当事者が明確に押印していて、その都度作成していたことが明確でなければならない。例えば、注文書だけしかない場合などは、契約当事者の一方からしかその契約を裏付けることができないので、入金記録等が必要になることが多い。

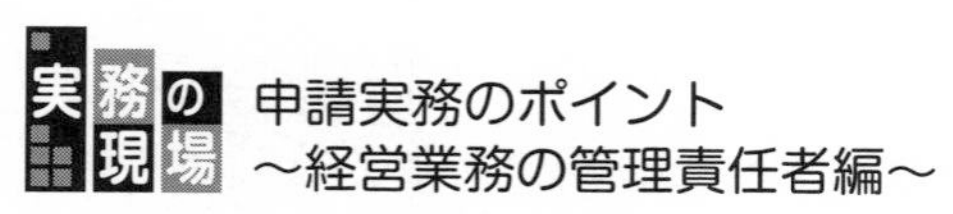

申請実務のポイント
～経営業務の管理責任者編～

このコラム「申請実務のポイント」では、主に要件や提出書類について、法の趣旨と実務現場双方の観点から、ポイントを述べていきたい。

「申請」というのは、「申」（上に向かっていう）、「請」（願い求める）という漢字が示している通り、「お上（公権力）に対してお願いする」ことが語源になっているといえるが、この「お願い」をするにしても、審査行政庁は、要件に合致しているかを客観的に判断できるような資料等がなければ、審査のしようがない。

また、資料があるからといって、整理しないまま提出しようとすれば、審査に時間がかかるし、申請書類の内容によっては（審査に主観を介入してはならないことが前提であっても）、審査担当者の心証を損なう可能性があることは想像に難くない。

したがって、申請実務のポイントは一言でいえば、審査される書類の内容について、**「客観性と明確性が担保されているか」**という点にある。

この点、「経営業務の管理責任者」要件に関しては、なんといっても「常勤性」と「経験性」の確認が必要であるところ、この両者をどの程度まで厳格に確認するかについては、都道府県ごとによって異なることが多々あるのだが、共通していえることは、この両者の存在を裏付ける資料が客観性と明確性を兼ね備えているかどうかという点である。

こうしたポイントを踏まえつつ、以下それぞれについて、見ていきたい。

〈客観性〉

常勤性については、細かく分析すると「地理的・物理的に通勤することができることの確認」と「その会社に一定額の給与を支給されていることの確認」の二つの観点からその有無を判断することになろう。申請者自らが作成できてしまう書類（給与台帳等、取締役会議事録で押印がないデータ、確定申告電子申請で受け付けたことを証する確認メールの添付がないもの）では、客観的に裏付ける力が強いとはいえない。住民票（公的機関発行）、社会保険資料（年金事務所発行）等、申請者以外の第三者が作成・発行した書類が、客観性の強い裏付け資料である。

経験性についても同じことがいえる。

経験性を確認する際の視点を大きく二つに分けると、「営業取引上対外的に責任を有する地位経験の確認」と「建設業の経営業務について総合的に管理した経験の確認」となるが、こうした点について客観性の強い確認資料により裏付けていく必要がある。この点、例えば請求書は申請者側の押印のみの書類であるため、客観性を担保づける裏付け資料として強いとはいえない。

客観性の強い裏付け資料といえるかどうかは、例えば、契約書（契約当事者による共同署名押印＋印紙でさらに客観性を高める）、預金通帳（銀行発行）等、申請者以外の第三者が作成・発行に携わった資料であるかどうかがポイントとなる。

〈明確性〉

確認資料の明確性については、上述した確認資料が時系列順に並んでいて矛盾のない説明ができるか、申請書一式に記載してある申請事項と確認資料との間に事実のズレがないか、がポイントとなる。この点に関しては審査官の立場になって申請書類を準備すれば自ずとクリアできるようになるが、申請現場においては、確認資料内容の不明瞭さ・不備不足等に関する審査官からの指摘等、不測の事態が生じることがある。

そこで、審査官から指摘がありそうな箇所等について、現場で慌てて探すことのないようあらかじめ該当箇所を付箋で貼付したり、補足説明書を忍ばせておいたりなど、多種多様な工夫により、担当審査官が気持ちよく審査できるよう事前に準備しておくことが肝要である。

「客観性」や「明確性」については、申請現場においては、どちらも「あるか、ないか」という「存在の有無」ではなく、「高いか、低いか」といった「程度の強弱」が重要となり、担当審査官による主観的な判断が入り込む余地があり、その判断基準は非常に曖昧なものとなってしまう。

個別案件によりその判断はバラバラであろうし、ひょっとしたら担当審査官の性格によっても異なるかもしれない。したがって、それぞれの申請ごとのそれぞれの要件について、できるだけ客観性と明確性を「高めていく」努力が必要であるといえる。仮に客観性の低い書類を提出せざるを得ない場合であっても、他の書類でその要件の客観性を補強することができないかといった観点で申請者側は工夫をすることで、こうした問題を乗り越えていくこともできる。審査行政庁に事前相談をする過程の中で、審査がスムーズに通るような関係を築きつつ、明確性を高めるさまざまな工夫を施していくことが実務のポイントといえる。

〈総括〉

当日審査した担当官は、後日、審査課内において他の担当官（主には決裁する上司）に対して申請内容の説明を行わなければならない。言い換えると、課内においても“申請”が行われているのである。

したがって、実際の申請者（あるいは、申請代理人）ではない窓口の担当審査官であっても、第三者（課内の上位決裁権者）に対して説明できる程度の「客観性」と「明確性」を備えた資料を確認資料として収集することを心がける必要がある。 ●

◆ 関連判例 「経営業務の管理責任者」要件に該当しない事実を看過したかどうかが争われた事案

本事案は、N県知事が、建設業許可の要件を満たしていないのにこれを看過して一般建設業の許可をしたために、当該許可を受けた業者が瑕疵ある工事をして損害が発生したとして、当該業者に住宅の建設を注文した者が県に損害賠償請求を提訴したものである。判決では、各要件審査に問題がなかったか、事実の適示と評価を詳細に判断している。

そのうち、経営業務の管理責任者については、申請書に経営業務の管理責任者として記載したAに、その経験があったかどうかの調査に問題がなかったかが論点になった。

判決は、「本件申請書には工事経歴書、「直前3年の各営業年度における工事施工金額」（筆者注：現在は、「直前3年の各事業年度における工事施工金額」）と題する書面、「経営業務の管理責任者証明書」、「許可申請者の略歴書」及び本件会社の商業登記簿謄本が添付され、」Aは「本件申請の際に本件会社の過去5年分の確定申告書控を提示し、控訴人（N県）の担当者はこれを確認していることが認められる。これらの書類の記載によると、本件会社は、本件申請の5年前から建設工事業を行い、その間、（Aが）本件会社の代表者として建設工事業の経営業務の管理責任者の業務を行っていたと認めることができる」と判断し、N県が「この点についての調査を怠ったとは認められない」と判断した。

さらに「本件会社が実際に施工した件数が少ないことを指摘するが、法7条1号イ[9]の要件は当該期間中継続的に建設工事を施工していたことを要求するものではなく、その間、受注に向けた営業活動を含めて建設工事業を継続していたことを要求しているにとどまると解すべきである」として、経験年数間の工事実績が少ないことは「同号の要件を満たすか否かの判断を左右するものでない」と念押ししている（東京高判平成21年12月17日）。

経管の定義と行政・司法のアプローチ

経営業務の管理責任者は建設業法上、要件とされているにもかかわらず、明確な定義がなされていない。特にこの役職にあたる者の「経営管理」と

9）旧法7条1号イ「許可を受けようとする建設業に関し5年以上経営業務の管理責任者としての経験を有する者」

は何なのか、「経営管理経験」とはどんな経験をしていればよいのかが、不明確で、これにより審査実務の現場において結構大きな影響を与えている。

前述の東京高裁平成21年12月17日判決では、「継続的に建設工事を施工していたことを要求するものではなく、その間、受注に向けた営業活動を含めて建設工事業を継続していたことを要求しているにとどまる」とある通り、実際に工事をしていなくてもその前提となる営業活動も「経営管理」であると、（傍論的とはいえ）判断していることに特徴がある。司法判断の一つとして参考となるであろう。

また、判決では、経営業務の管理責任者としての経験について、「営業取引上対外的に責任を有する地位経験の確認」は５年ないし６年の調査は必要であるとする一方、「建設業の経営業務について総合的に管理した経験の確認」は、工事経歴書、直前３年の各事業年度における工事施工金額、経営業務の管理責任者証明書、略歴書等を書面上で確認する程度で事足りるとしている。仮にこの点について厳密な実態確認を行わなかったとしても、書面上で確認していれば、審査行政庁が本来行うべき確認義務を怠ったとは認められないとした。

これを許可申請実務に置き換えてみると、当該判決にあるように、工事経歴書、直前３年の各事業年度における工事施工金額、経営業務の管理責任者証明書、許可申請者の略歴書、商業登記簿謄本、確定申告書における「事業種目」欄（以上、判決で言及された資料）や、営業活動を裏付ける見積書や、社内稟議書で確認するという方向に向く。実際にこのように「経営管理」を「実態的」にとらえて審査する行政庁もなくはない。

もっとも、ほとんどの申請実務では、前述した通り、経験性の確認において、５年もしくは６年分の確認資料を提示・提出することが多々ある。実際に、この判決の後から、各審査行政庁も経験性の確認に契約書、請求書、請書、入金記録等により、工事施工実績を細かく確認する流れになってきている。その影響で、実務の現場では収集整理・審査行政庁への説明に苦労するのだが、なぜこのような苦労を審査行政庁が求めるのかが垣間見える判例がこの東京高裁判決といえよう。以上のように、「経営業務管理責任者としての経験」について、行政は工事実績のみで確認することが多く、一方で司法判断は受注に向けた営業活動も含むとなっており、バラツキが生じていた。

しかし、この問題について、法改正に伴うパブリックコメントの回答という形で一つのヒントが出た[10]。

「「経営業務の管理責任者としての経験」の定義中にある「建設業の経営業務について総合的に管理した経験」には、建設業の財務管理、労務管理及び業務運営の業務経験を含む」としている。

すなわち、経管経験には、財務管理・労務管理・業務運営が含まれる。建設業の経営業務は、売上増大のための営業・契約・施工の管理のみならず、労務管理＝技術職員雇用等の管理も含まれるはずであることは、経審P点がX点のみならずY・X・W点等も重視されていることからも明白であったが、今回そのことが明確になったといえる。

この回答を踏まえ、今一度各審査行政庁における経管経験の確認方法の再考を求めたい。●

⑤　「執行役員等」（規７条１号イ(2)）

この「執行役員等」の定義や要件該当性の確認にあたっては、関係法令・通達等のつながりや解釈が難解・複雑で、申請実務でも十分な注意が必要となる。旧建設業法における要件該当の確認の筋道は下記の通りであった。以下75頁まで、旧関係法令・通達等に基づくものである。

10)「建設業法施行規則等の改正に伴う建設業許可事務ガイドラインの改訂に関する意見募集の結果について」（国土交通省不動産・建設経済局建設業課令和２年12月２日）。

【法７条１号「役員」の「準ずる者」定義】　※国土建96号通知一

「これらに準ずる者」とは、法人格のある各種組合等の理事等をいい、執行役員、監査役、会計参与、監事及び事務局長等は原則として含まないが、業務を執行する社員、取締役又は執行役に**準ずる地位**にあって、**許可を受けようとする建設業の経営業務の執行に関し、取締役会の決議を経て取締役会又は代表取締役から具体的な権限委譲を受けた執行役員等については、含まれる。**

【執行役員定義】※旧事務ガイドライン【第７条関係】１(1)

許可を受けようとする建設業の経営業務の執行に関し、取締役会の決議を経て取締役会又は代表取締役から具体的な権限委譲を受けた執行役員

【経験性の旧法７条１号イには非該当】※国土建96号通知一

「経営業務の管理責任者としての経験」は、業務を執行する社員、取締役、執行役若しくは法人格のある各種の組合等の理事等、個人の事業主又は支配人その他支店長、営業所長等営業取引上対外的に責任を有する地位にあって、経営業務の執行等建設業の経営業務について総合的に管理した経験をいい、**当該執行役員等による経営管理経験は「経営業務の管理責任者としての経験」には含まれない。**

※ただし、旧法７条１号本文の「準ずる者」には含まれるので、執行役員等という立場のまま経営業務の管理責任者になることは可能。

【旧法７条１号ロ・告示１号イ該当】※旧法７条１号ロ、建設省告示第351号１号イ

経営業務の執行に関して、取締役会の決議を経て取締役会又は代表取締役から具体的に権限委譲を受け、かつ、その権限に基づき、執行役員等として**5年以上建設業の経営業務を総合的に管理した経験**

【執行役員としての経営管理経験定義】※旧事務ガイドライン【第7条関係】1(6)①(a)イ

経営業務の執行に関して、取締役会の決議を経て取締役会又は代表取締役から具体的な権限委譲を受け、かつ、その権限に基づき、執行役員等として建設業の経営業務を総合的に管理した経験をいう。取締役会設置会社において、取締役会の決議により**特定の事業部門に関して業務執行権限の委譲を受ける者として選任**され、かつ、取締役会によって定められた業務執行方針に従って、**代表取締役の指揮及び命令のもとに、具体的な業務執行に専念した経験**をいう。

【執行役員の具体的権限移譲】※国土建96号通知一

当該執行役員等については、**許可を受けようとする個々の業種区分の建設業について、それぞれの建設業に関する事業部門全般の業務執行に係る権限委譲を受けている**必要がある。このため、許可を受けようとする建設業に関する事業の一部のみ分掌する事業部門（一部の営業分野のみを分掌する場合や資金・資材調達のみを分掌する場合等）の業務執行に係る権限委譲を受けた執行役員等は経営業務管理責任者として認められない。

【確認資料】※旧事務ガイドライン【第7条関係】1(6)①(a)ハ

規則別記様式第七号「経営業務の管理責任者証明書」及び別紙6による

認定調書と下記のもの

・執行役員等の地位が業務を執行する社員、取締役又は執行役に次ぐ職制上の地位にあることの確認

⇒　**組織図その他これに準ずる書類**

・業務執行を行う特定の事業部門が許可を受けようとする建設業に関する事業部門であることの確認

⇒　**業務分掌規程その他これに準ずる書類**

・取締役会の決議により特定の事業部門に関して業務執行権限の委譲を受ける者として選任され、かつ、取締役会の決議により決められた業務執行の方針に従って、特定の事業部門に関して、代表取締役の指揮及び命令のもとに、具体的な業務執行に専念する者であることの確認

⇒　**定款、執行役員規程、執行役員職務分掌規程、取締役会規則、取締役就業規程、取締役会の議事録その他これらに準ずる書類**

・執行役員等としての経営管理経験の期間（５年）を確認するための書類

⇒　**取締役会の議事録、人事発令書その他これに準ずる書類**

【経験年数合算ルール】※旧事務ガイドライン【第７条関係】1⑹①(a)ロ

許可を受けようとする建設業に関する５年以上の執行役員等としての経営管理経験については、許可を受けようとする建設業に関する執行役員等としての経営管理経験の期間と、許可を受けようとする建設業における経営業務の管理責任者としての経験の期間が通算５年以上である場合も、本号イに該当するものとする。

上記は、根拠となる国土交通省の通知及び「事務ガイドライン」を体系的に並び替えて執行役員制度を筋道立てたが、さらに詳細に制度の背景も

踏まえて解説していきたい。

A．経営業務の管理責任者になろうとする当該執行役員等は、経営業務の管理責任者になるための要件を満たしているか

【前提の確認】

〈「執行役員等」が経営業務の管理責任者になりうるか〉

そもそも経営業務の管理責任者となり得る者は、（法人である場合は、常勤の）役員（業務を執行する社員、取締役、執行役又はこれらに準ずる者（以下、「役員等」という））に限定されている（法7条1号イ本文）。

したがって、執行役員等がこの「役員等」に含まれるかどうかが、最初に問題となる。

まず原則として、「『これらに準ずる者』とは、法人格のある各種組合等の理事等をいい、執行役員、監査役、会計参与、監事及び事務局長等は原則として含まない」こととされている（旧事務ガイドライン【第7条関係】1(1)）。

しかし、昭和46年の許可制度創設当時と比較し、企業の取締役数が減少し、又は、具体的な業務執行権限を委譲する執行役員制度が導入される等、企業の業務執行のあり方は多様になってきている。こうした背景・企業の周辺環境の変化に合わせて、「役員等」の範囲を見直す等の措置を講じる通達（国土建96号通知）が発出され、下記の要件を満たす「執行役員等」については、「これらに準ずる者」に含めることとなった。

〔要件〕国土建96号通知、旧事務ガイドライン【第7条関係】1(1)後段参照

業務を執行する社員、取締役又は執行役に準ずる地位にあって、許可を受けようとする建設業の経営業務の執行に関し、取締役会の決議を経て取

締役会又は代表取締役から具体的な権限委譲を受けた執行役員等

こうして、上記要件を満たす「執行役員等（以下、「当該執行役員等」という）」について、「これらに準ずる者」に含まれることとなり、当該執行役員等が経営業務の管理責任者へとなる道が開けた。

〈参考〉※国土建96号通知より一部抜粋

一．経営業務の管理責任者としての経験等を有する者の配置が求められる「役員」の範囲について

経営業務の管理責任者としての経験等を有する者の配置が求められる「役員（業務を執行する社員、取締役、執行役又はこれらに準ずる者）」に関し、業務を執行する社員、取締役又は執行役に準ずる地位にあって、許可を受けようとする建設業の経営業務の執行に関し、取締役会の決議を経て取締役会又は代表取締役から具体的な権限委譲を受けた執行役員等を「これらに準ずる者」に含めることとした。

B．当該執行役員等が、業務を執行する社員、取締役又は執行役に準ずる地位にあって、かつ、許可を受けようとする建設業に関し、取締役会等から具体的な業務執行に関する権限委譲を受けているか

【前提の確認】

まず、執行役員等が「これらに準ずる者」に含まれるためには、執行役員等が、許可を受けようとする建設業に関し、具体的な権限委譲を受けている必要がある。仮に、執行役員等が具体的な権限委譲を受けていない場合には、上述したように、「これらに準ずる者」には含まれない。

具体的には、上述した要件に該当するかどうかを確認する。

前頁の〔要件〕を再度参照。

【要件具備の確認】※旧事務ガイドライン【第7条関係】1(6)①(a)ハ

上述した要件（「準ずる地位」及び「具体的な権限委譲」）を具備しているかどうかについては、以下の資料に基づき確認することとなる。

〈確認資料〉

（1）準ずる地位の確認

・執行役員等の地位が業務を執行する社員、取締役又は執行役に次ぐ職制上の地位にあることの確認

⇒　組織図その他これに準ずる書類

（2）具体的な権限委譲の確認

・業務執行を行う特定の事業部門が許可を受けようとする建設業に関する事業部門であることの確認

⇒　業務分掌規程その他これに準ずる書類

・取締役会の決議により特定の事業部門に関して業務執行権限の委譲を受ける者として選任され、かつ、取締役会の決議により決められた業務執行の方針に従って、特定の事業部門に関して、代表取締役の指揮及び命令のもとに、具体的な業務執行に専念する者であることの確認

⇒　定款、執行役員規程、執行役員職務分掌規程、取締役会規則、取締役就業規程、取締役会の議事録その他これらに準ずる書類

（3）規則別記様式第七号「経営業務の管理責任者証明書」及び別紙6による認定調書

C．当該執行役員等が、許可を受けようとする建設業に関する経営管理経

験を有するか

【要件具備の確認】

当該執行役員等が、以下の経営管理経験を有するかについて、確認する。

〔要件〕※旧事務ガイドライン【第7条関係】1(6)①(a)イより抜粋

「経営業務の執行に関して、取締役会の決議を経て取締役会又は代表取締役から具体的な権限委譲を受け、かつ、その権限に基づき、執行役員等として建設業の経営業務を総合的に管理した経験」（以下「執行役員等としての経営管理経験」という。）とは、取締役会設置会社において、取締役会の決議により特定の事業部門に関して業務執行権限の委譲を受ける者として選任され、かつ、取締役会によって定められた業務執行方針に従って、代表取締役の指揮および命令のもとに、具体的な業務執行に専念した経験をいう。

また、上記要件（経験年数）を具備しているかについては、以下の確認資料により、確認する。

※旧事務ガイドライン【第7条関係】1(6)①(a)ハ

〈確認資料〉

・執行役員等としての経営管理経験の期間（5年）を確認するための書類

⇒　取締役会の議事録、人事発令書その他これに準ずる書類

上述した通り、当該執行役員等は「これらに準ずる者」に含まれるため、当該執行役員等による経営管理経験は、旧法7条1号イに規定される「経営業務の管理責任者としての経験」に該当するとも考えられる。

しかし、本来の語義どおりの「役員」による「経営業務について総合的に管理した経験」と、制度を補完する形で役員等に準ずる者に含まれるとされた当該執行役員等による「経営業務の管理責任者としての経験」とでは、性質が異なるのは当然であり、同一のものとして取り扱うことは適当ではない。したがって、当該執行役員等による経営管理経験については、旧法7条1号イに該当しないこととし、関係する通達も発出されているので、注意が必要。

〈参考〉※国土建96号通知より一部抜粋

一　3段落目

建設業法第7条第1号イに規定する「経営業務の管理責任者としての経験」は、業務を執行する社員、取締役、執行役若しくは法人格のある各種の組合等の理事等、個人の事業主又は支配人その他支店長、営業所長等営業取引上対外的に責任を有する地位にあって、経営業務の執行等建設業の経営業務について総合的に管理した経験をいい、**当該執行役員等による経営管理経験は「経営業務の管理責任者としての経験」には含まれない。**

したがって、当該執行役員等は、旧法7条1号イの規定に基づいては、経営業務の管理責任者になることはできない。

※ただし、旧法7条1号本文の「これらに準ずる者」には含まれるので、同号ロ及び建設省告示第351号等の規定に基づき、執行役員等という立場のまま経営業務の管理責任者になることは可能。

D．経験年数合算ルール

執行役員等が具体的な権限委譲を受けて、許可を受けようとする建設業に関し、経営業務を総合的に管理した経験があった場合においてその当該執行役員が後日、経営業務の管理責任者となり、同じく許可を受けようとする建設業に関し、継続的に経営業務を総合的に管理した経験を有するに至った場合、それら経験年数をどのように取り扱うかが、問題となる。

この点、執行役員等としての経営管理の経験期間については、経営業務の管理責任者としての経験管理の経験期間と合算されることとなり、旧法7条1号イに該当することとして取り扱われる。
関係する規定を以下に抜粋する。

※新事務ガイドライン【第7条関係】(1)⑥イ
建設業に関する5年以上の執行役員等としての経験については、**建設業に関する執行役員等としての経営管理経験の期間と、建設業における経営業務の管理責任者としての経験の期間とが通算5年以上**である場合も、規7条1号イ(2)に該当するものとする。

執行役員による経営管理経験の確認

規7条1号イに該当する「常勤役員等」による経営管理経験の確認資料としては、建設業許可を受けて経営した事実、契約書、請求書、請書、注文書、請負金額の入金記録（預金通帳等）等が要件期間（5年）分必要になることが多いことは前述した。
一方で、「これらに準ずる者」に含まれる執行役員等による経営管理経験の確認については「取締役会の議事録、人事発令書その他これに準ずる書類」となっている（事務ガイドライン【第7条関係】1(1)⑥)。 ●

〈参考〉国土建96号通知二
「これまで必要とされてきた業務執行を行う**特定の事業部門における業務執行実績を確認するための書類**（過去5年間における請負契約の締結その他の法人の経営業務に関する決裁書その他これに準ずる書類）に代えて、執行役員等としての経営管理経験の期間を確認するための書類（**取締役会の議事録、人事発令書その他これに準ずる書類**）で足りることとする。

執行役員等の地位確認・具体的な権限委譲を受けている特定事業部門の確認・具体的な権限委譲の有無の確認・経営業務を管理した期間の確認をクリアしていれば、業務執行実績の確認をしなくても経営管理経験を十分担保できることが背景にあると思われる。

執行役員経験と補佐経験 ～社内後継者育成の観点から考察する～

この執行役員経験は、平成28年から認められたものでまだ歴史が浅く、各地方公共団体の知事許可では、認められた例が非常に少ないかもしれない。申請する側としても、提出が求められている確認資料を５年以上前からきっちりと作成・保管してこなかった場合もあるし、仮に確認資料が揃っていたとしても、非常に難解な法解釈と要件審査をクリアしなければならない等、執行役員経験の認定へのハードルは非常に高い印象が拭えない。

また、次に示すような社内事情により、執行役員経験を満たせず、経営業務の管理責任者になることができない場合があるのではないか。

まず、執行役員は「取締役」に「準ずる地位」であり、許可を受けようとするそれぞれの建設業の業種区分について、事業部門全般の業務執行に係る権限委譲を受けている者というのは、執行権限・責任の所在の明確化という観点から、社内において１人しか置くことができないであろう。部門「全般」の業務執行を権限移譲されるということは、複数人ではありえない。

その者が、仮に執行役員として経営業務の管理責任者になり、取締役等に出世することなく執行役員というポストに留まり続けてしまう場合、この執行役員というポストが空かず、「社内において後継者が育たない」ことになる。前述の通り、建設業法における執行役員制度は、具体的な権限移譲を受けていたとしても役員に準ずる地位であり、その経験は規７条１号イ(1)の要件とは一線を画し、「執行役員」という地位のまま経営業務の管理責任者になるしか道がない。つまり、経営管理経験の期間という要件を満たせず、次代の経営業務の管理責任者が育たないことになってしまうのだ。

建設産業は、他産業と同じく高齢化が進み「若者が入ってこない産業」といわれ、現在国は、建設産業政策会議にて策定された「建設産業政策2017+10～若い人たちに明日の建設産業を語ろう～」に基づき、各種施策の実現に向けて10年計画で進めている途中である。

建設業界に入った若者が仕事を覚え、経営業務に関わっていくようになったとき、上記のようにポストが空かない状態が続くと、いつまでも経営業務の管理責任者の要件を満たすことができず年齢だけ重ねて、そのうち退職せざるを得ない状況になってしまいかねない。このような状況だといつまでも若返りが業界全体で進まないのは目に見えている。

新設された制度をどのように運用していくかについては、審査行政庁等に更なる検討を期待したいが、申請する側としては、執行役員経験のほか、(経験を１年多く求められるというデメリットがあるものの）補佐経験の要件を満たしていく手法を活用することも視野に入れながら、経営業務の管理責任者になれる若手をどんどん育成していくことを本気で考えなければならない。

改正された規７条１号イ(2)は、今までの執行役員制度とほぼ同じと考えて差し支えない。この点、イ(2)に該当するような、準ずる地位（経営業務執行権限委任あり）制度を採用している会社は、企業規模がある程度大きくなければ現実的に少ないかもしれない。また、このイ(2)申請するには、例えば、取締役の定員が厳格に定められ、その取締役の任期も短く、「イ(1)に該当する常勤役員がなかなか存在しない」ような企業に限定されるかもしれない。この制度を使うと後継者がかえって育成しづらい問題もはらんでいるといえよう。

もっとも、こういった要件であっても、積極的に申請実績を増やしていかなければ、イ(2)該当要件は形骸化してしまう。社内状況をよく観察し、５年後、10年後の許可承継がスムーズにできるかを適切に判断し、将来に向けて、役員新任や、イ(2)に該当するような社内体制の整備及び社内資料の作成を進めておくことが重要である。その際には、行政書士による専門的な提案・指導が必要であろう。●

⑥ 「補佐経験」（規７条１号イ(3)）

経営業務を総合的に管理した経験は有していなくとも、「経営業務を補佐した経験」があれば、経営業務の管理責任者として認められる場合がある。

経営業務を補佐した経験（補佐経験）とは、**経営業務の管理責任者に準ずる地位**（業務を執行する社員、取締役、執行役若しくは法人格のある各種の組合等の理事等、個人の事業主又は支配人その他支店長、**営業所長等営業取引上対外的に責任を有する地位に次ぐ職制上の地位にある者**）にあって、許可を受けようとする建設業に関する建設工事の施工に必要とされる**資金の調達、技術者及び技能者の配置、下請業者との契約の締結等の経営業務全般について、従事した経験**をいう（事務ガイドライン【第７条関係】(1)⑦イ）。

補佐経験の前提となる「準ずる地位」の拡大

補佐経験認定の前提となる「経営業務の管理責任者に準ずる地位」については、従前は「業務を執行する社員、取締役又は執行役に次ぐ職制上の地位にある者」等に限定されていたが、平成29年にこれらに加え、「組合理事、支店長、営業所長又は支配人に次ぐ職制上の地位にある者」等も認めることになった。

これは、経営業務の管理責任者要件の緩和（明確化）措置の一環により、認められるに至ったものである（平成29年6月26日国土建117号通知一）。

なお、補佐経験の有無の確認にあたっては、以下に示す確認資料により、確認することになる。●

〈確認資料〉※事務ガイドライン【第７条関係】(1)⑦ニ

・規則別記様式第七号「常勤役員等（経営業務の管理責任者等）証明書」

・別紙６－１による認定調書

・被認定者による経験が業務を執行する社員、取締役、執行役若しくは法人格のある各種の組合等の理事等、個人の事業主又は支配人その他支店長、営業所長等営業取引上対外的に責任を有する地位に次ぐ職制上の地位における経験に該当することを確認するための書類

⇒　**組織図その他これに準ずる書類**

・被認定者における経験が補佐経験に該当することを確認するための書類

⇒　**業務分掌規程、過去の稟議書その他これらに準ずる書類**

・補佐経験の期間（６年）を確認するための書類

⇒　**人事発令書その他これらに準ずる書類**

〈参考〉期間合算ルール

【補佐経験とその他の役職に基づく経験との合算】事務ガイドライン【第７条関係】1(1)⑦ロ

建設業に関する６年以上の補佐経験については、**建設業に関する補佐経験の期間と、執行役員等としての経験及び経営業務の管理責任者としての**

経験の期間が通算6年以上である場合も、規7条1号イ(3)に該当するものとする。

また、法人、個人又はその両方において6年以上の補佐経験を有する者については、許可を受けようとするものが法人であるか個人であるかを問わず、認める（事務ガイドライン【第7条関係】1(1)⑦ロ）。

経営管理の補佐経験期間の短縮

平成29年6月の要件緩和により、補佐経験の経営管理期間は7年から6年に短縮された（平成29年6月26日国土建117号通知三）。

背景としては、「規制改革実施計画」（平成27年6月30日閣議決定）を前提とした建設業界の転職・独立開業の促進が挙げられる。

経営管理の補佐経験の確認

補佐経験期間を確認する資料については上記の通り、人事発令書その他これらに準ずる書類の提出を求められており、契約書や稟議書など、現場で補佐をしたことを裏付ける確認資料は明記されていない。これは平成28年要件緩和の一環である。

経営業務を補佐した経験のための確認書類について、これまで必要とされてきた**被認定者における経験が補佐経験に該当すること及び補佐経験の期間を確認するための書類**（請負契約の締結その他法人の経営業務に関する決裁書、稟議書その他これらに準ずる書類）**に代えて、被認定者における経験が補佐経験に該当することを確認するための書類**（業務分掌規程、過去の稟議書その他これらに準ずる書類）及び**補佐経験の期間を確認するための書類**（人事発令書その他これらに準ずる書類）で足りることとなった（事務ガイドライン【第７条関係】1(1)⑦ハ、国土建96号通知三）。●

補佐経験と「零細企業のジョーシキ」

親子２人で建築工事を営んでいる法人で、法人の代表者の息子が数十年来、父を補佐し、最近では父が高齢になってきたため３年前から取締役に就任し、代表者になっていたが、父の急逝により「経営業務の管理責任者」要件を満たすことができず、許可業者として営業を継続することが困難になる……このような建設業者の法人実態は意外と多いかもしれない。

この例では、息子の取締役年数が３年しかなく、また、法人ではあるが実態は個人事業の業態であり、組織図や辞令、業務分掌規程等も当然作成していないような「零細企業のジョーシキ」が、許可業者としての営業継続が困難となってしまった要因となっている。

この場合、足りない経験年数分を補佐経験で補いたいところ、それを裏付ける資料が何もないとなると経営業務の管理責任者として認められることが困難になる。

この「零細企業のジョーシキ」は、「うちは小規模だしそんなにきちんとやらなくていいよ」、という経営者の内心を反映して発生するもので、さまざまな零細企業の間で見受けられる問題である。経営業務の補佐経験そのものはきちんと行ってきたのに、それを裏付ける書類作成・管理能力がないためにその経験を証明できず、許可を維持できないことになると、たたむ必要がない企業を結果的にたたんでしまう、ということにもなりかねない。

建設業界全体の先細りに歯止めをかけるためにも「零細企業のジョーシ

キ」を「建設業法の常識」に変革する必要があり、こうした企業統治・管理能力の醸成は、今後、建設業界の大きな課題の一つとなっていくだろう。

では、誰が変革の担い手となるべきか。まず、審査行政庁である国土交通省（各地方整備局）や各都道府県が、これを行うことは不可能である。全国各地で営業する建設業者が抱える諸課題を洗い出し、これらに対してフォローしていくことは、審査行政庁の本来の業務範疇を越えるものであるし、人員等の観点から実行そのものが難しいからである。

この点、日ごろから許可・変更業務等を通じて、中小零細企業と定期的にコミュニケーションをとり、建設業者１社ずつに特有で、大小さまざまである諸課題を把握しているわれわれ行政書士こそが担い手としてふさわしいのではないか。

また、日頃から定期的なコミュニケーションをとり、建設業者との強固な信頼関係を有している行政書士だからこそ、根気よく変革の提案と説明を繰り返していく主体となることができるのではないか。

上記の例で言えば、父が引退する前から、息子の補佐経験を裏付ける法人としての社内資料の整備・体制の再構築を根気よく提案をし続けておけば、許可を維持したまま営業を継続できたかもしれない。行政書士の提案により、許可状態の途絶を未然に防ぐことができた事案だったのではないか。

行政書士が申請書を作成し、審査行政庁がそれを審査し、企業が工事を行う。三者がこれらを独立して行うのではなく、それぞれが密に連絡を取り合い、企業の現状を把握し、（零細企業のほとんどが属する）下請負人を保護しようとする建設業法をはじめとする関係法令を遵守してもらう。われわれ行政書士が主体となってこれらを促していくことが、建設産業全体の発展への近道であることを強調しておきたい。●

個人事業主補佐経験と給与額

個人事業主を補佐した経験を有する者について、対象者が複数いる場合に、誰を補佐経験者とするべきか。実態上跡取りとなるべき親族であるか、給料の多い親族や従業員であるか等、何を基準に判断すべきか迷う場面がある。

補佐経験の有無を確認するに際しては、前述の通り、補佐経験が「補佐しうる地位」におけるものであるかどうかを資料により判断する。しかしこの点、法人と異なり個人事業主はこの地位にあることを裏付ける確認資料を作成することが、個人事業主という業態上難しいことがある。この場合、確定申告書専従者・給与支払者欄による確認の補強づけを認める審査行政庁もあるかもしれない。

この点、「給与の多さ」というのは、客観的かつ容易に判断できる基準であるので、重要でわかりやすいメルクマールになっている。すなわち、従業員の中で一番給与が多いということは、事業主を補佐するだけの権限と業務を行っていることが客観的に裏付けられやすいということである。

もっとも、現実の実務では、例えば、夫婦及びその子で営業している場合、妻は創業時から夫を手伝っており、手伝っている分、妻の給与は子よりも高くなっているが、後継ぎとして考えている子に補佐経験を積ませて「経営業務の管理責任者」として引継ぎをしたいという場合がある。又は、兄弟が父の下で働いていて、兄は現場技術者として能力が高く給与も弟より高いが、弟は父の下で契約締結業務など経営業務の管理責任者の補佐業務を実質的に行っているケース等のように、給与の低い方（弟）が補佐経験を実際に持っているような場合がある。

このように「給与の多さ」が事業主を補佐する権限を有し業務を行って

いるとはいえない場合がある。こうした場合、どのように判断すればよいであろうか。

まず前提として、経営業務の管理責任者要件を設けた趣旨を確認する。すなわち、建設業は一品ごとの受注生産であり、契約金額が多額で、請負者が工事の目的物について長期間瑕疵担保責任を負うという、建設業に特有の事情があることから、事業者による適正な建設業の経営を確保するため、事業者に対し一定の能力等を有する者の配置を許可要件として求めた。ここに経営業務の管理責任者を許可要件として設けた趣旨がある。

したがって、経営業務の管理責任者を血族に限定しなければならないということはない。また、姻族（息子の配偶者など）や後継ぎがいない場合には、昔から貢献している従業員（他人）が経営業務の管理責任者になることも問題ない。

つまり、個人事業主の資産を引き継いでいるかどうか、引き継ぐ方が経営業務の管理責任者として「ふさわしいか」という観点から判断することになる。言い換えれば単に「給与の多さ」のみで補佐経験を認めることはなく、経営業務の管理責任者となるに「ふさわしいか」どうかについて、実質的にみて判断することとなる。

ただし、給与が「各個人の生活の基盤」である側面も無視できない。すなわち、ある個人事業主を実質的に補佐する者の給与が極端に少ない場合、その「給与の少なさ」という事実が、補佐経験を裏付けることが本当に可能なのか、という予断をさしはさむ可能性もあるという事である。また、この「給与の少なさ」という事実は、経営業務の管理責任者要件の中でも特に重要な要件である「常勤性」について、疑念（給与が少ない＝毎日業務に従事していないのではないか）を持たれる可能性をも持っていることを忘れてはならない。

「補佐をした」という経験は、どうしても主観的な判断要素がついて回ってしまう以上、「給与額」という客観的判断要素を申請準備の際に事業主側で確認しておくことが望ましい。

なお、補佐経験に該当する者は1人に限定されるので、誰に補佐経験を積ませるかは、将来の事業承継を見据えて慎重かつ戦略的に判断する必要がある。

また、そもそも個人事業主は事業主個人の技能・経験・人脈・人柄等、事業主個人の人格・ノウハウ等に依拠して仕事をしているところがある。このような個人事業主を補佐した経験によって、その事業主の後継者として経営業務の管理責任者となり、許可状態を維持する承継対策をしたとしても、実質は別事業主になっているともいえる以上、新規申請が必要な場合もあると考えられる。

例えば、事業主と親族でない従業員が補佐経験をしている場合には、その補佐経験をもって当該個人事業主の許可を引継ぐことは難しい。なぜなら、親族程の強固な結びつきが無い者は、当該事業主の事業を承継するというよりは、別の人格をもった人間による個人事業主としての独立開業と見做す方が、実態に沿うからである（ただし、独立して個人事業主として開業をする際の経営業務の管理責任者要件として認められる可能性はある）。誰が補佐しているのか、その補佐経験の裏付けは明確に可能なのかを十二分に精査し、審査行政庁と事前に相談しながら申請業務を進めていく必要がある。

こうした問題は今後、超高齢化社会の波を大きく受ける建設業界においては、後継者の確保は早急に対応に着手すべき課題の一つとして認識されることになるだろう。現在も都会・地方問わず許可業者が年々減少傾向にあるが、後継者がいないことを理由に許可要件を満たせず、許可を維持できない中小・零細企業も少なくない。中小・零細企業にとっては、まさに喫緊の課題といっても過言ではない。令和２年10月施行の改正法においては、関連して、事業承継及び相続における地位の承継制度が新設されている。

⑦ 「役員等に次ぐ役職上の地位にある者」及び「直接補佐者」（規７条１号ロ）

「役員等に次ぐ職制上の地位」とは、当該地位での経験を積んだ会社内の組織体系において役員等に次ぐ役職上の地位にある者をいい、必ずしも代表権を有することを要しない。

直接補佐者の「直接に補佐する」とは、組織体系上及び実態上常勤役員等との間に他の者を介在させることなく、当該常勤役員等から直接指揮命令を受け業務を常勤で行うことをいう。

上記各要件に該当するか否かの判断に当たっては、規則別記様式第七号の二及び別紙６－２又は別紙６－３による認定調書に加え、次に掲げる書類において、被認定者が各条件に該当することが明らかになっていることを確認するものとする。

〈確認資料〉※事務ガイドライン【第７条関係】１(1)⑧、⑨

・役員等に次ぐ職制上の地位における経験に該当することを確認するための書類
　⇒　組織図その他これに準ずる書類
・被認定者における経験が「財務管理」、「労務管理」又は「業務運営」の業務経験に該当することを確認するための書類
　⇒　業務分掌規程、過去の稟議書その他これらに準ずる書類
・役員等に次ぐ職制上の地位における経験の期間を確認するための書類
　⇒　人事発令書その他これらに準ずる書類

なお、規７条１号ロ(1)における常勤役員は、「建設業に関し、二年以

上役員等としての経験を有し、かつ、五年以上役員等又は役員等に次ぐ職制上の地位にある者（財務管理、労務管理又は業務運営の業務を担当するものに限る。）としての経験を有する者」とあり、一見すれば、建設業に関し５年以上の役員経験も含まれるため、イ(1)との概念の重複がみられるが、具体的な解釈の区分については、明確になっていない。

直接に補佐する者

規７条１号ロは、常勤役員の経験不足で、イ該当にならないようなケースにおいて、直接補佐者を置くことで管理体制を補完することを目的としている。常勤役員の経験は他社経験でもよいが、直接補佐者経験は自社（申請者）経験のみとなっているところがポイントといえる。例えば、今までの経営業務管理責任者が引退を準備するにあたり、社内にイ該当（１人体制パターン）がおらず、廃業を選択せざるを得ないような事例を、「持続可能な事業環境の確保」の要請から救済することを想定している。

このような事例の場合、他社から常勤役員を招聘し、自社の「番頭さん」的立場の直接補佐者とともに経管体制を構築することになる。直接補佐者の自社（申請者）経験５年が最低必要になることから、設立５年未満の建設業者での新規申請においてのロ該当は、通常あり得ないことになる。

直接補佐者は、財務管理・労務管理・業務運営それぞれ５年の自社経験が必要だが、申請会社における部署名や役職は限定されているわけではない。また、例えば１名が兼務していたのであれば、それを証明することができる限り、２つ以上の経験を認めることもできる。

この要件は複雑なので、次ページのフローチャートを参考にされたい。

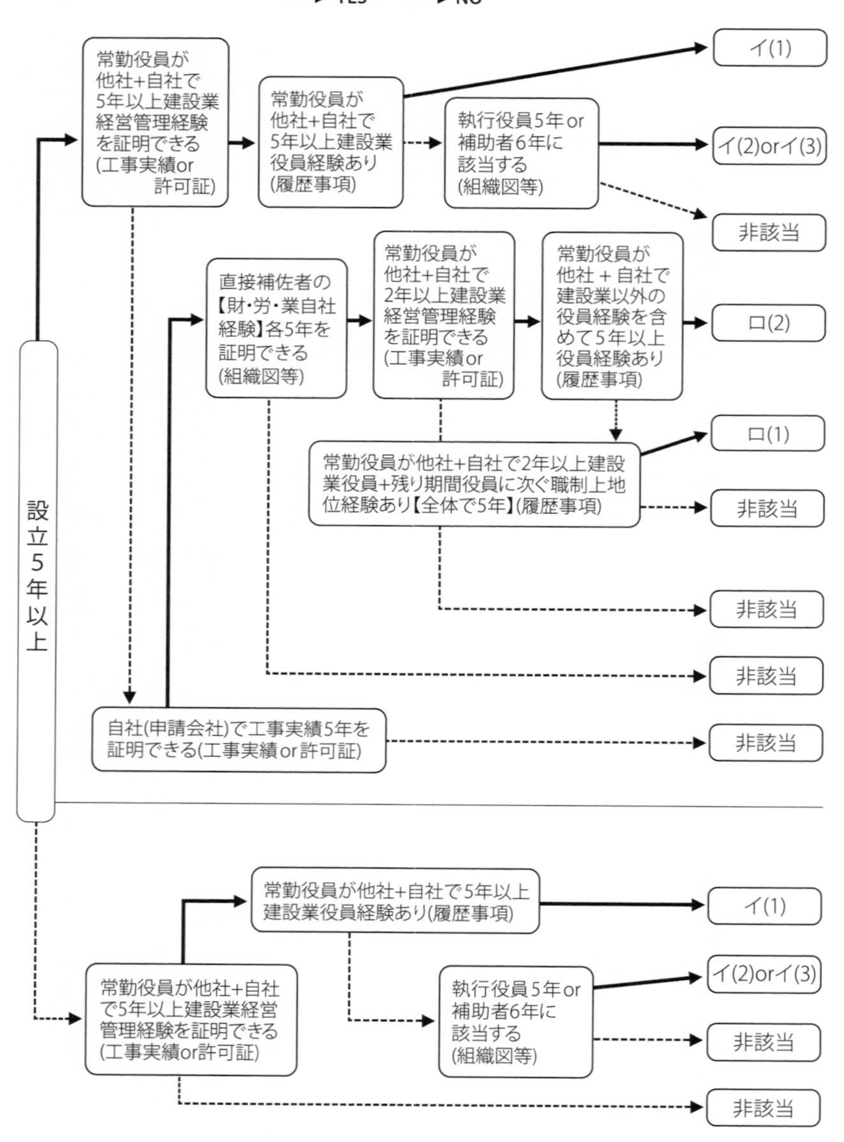

7条1号フローチャート(株式会社が新規申請する場合)
YES
NO
常勤役員が他社+自社で5年以上建設業経営管理経験を証明できる(工事実績or許可証)
常勤役員が他社+自社で5年以上建設業役員経験あり(履歴事項)
イ(1)
執行役員5年or補助者6年に該当する(組織図等)
イ(2)orイ(3)
非該当
直接補佐者の【財・労・業自社経験】各5年を証明できる(組織図等)
常勤役員が他社+自社で2年以上建設業経営管理経験を証明できる(工事実績or許可証)
常勤役員が他社＋自社で建設業以外の役員経験を含めて5年以上役員経験あり(履歴事項)
ロ(2)
ロ(1)
常勤役員が他社+自社で2年以上建設業役員+残り期間役員に次ぐ職制上地位経験あり【全体で5年】(履歴事項)
非該当
設立5年以上
非該当
非該当
自社(申請会社)で工事実績5年を証明できる(工事実績or許可証)
非該当
常勤役員が他社+自社で5年以上建設業役員経験あり(履歴事項)
イ(1)
常勤役員が他社+自社で5年以上建設業経営管理経験を証明できる(工事実績or許可証)
執行役員5年or補助者6年に該当する(組織図等)
イ(2)orイ(3)
非該当
非該当

複数業種の経験の合算（事務ガイドライン【第7条関係】1(1)④）

旧法においては、許可を受けようとする建設業以外の建設業に関する6年以上の経営業務の管理責任者としての経験については、単一の業種区分において6年以上の経験を有することを要する者ではなく、複数の業種区分にわたるものであってもよいとされていた。改正法においては、業種区分にかかわらず5年以上の経験に統一され、全ての建設業の種類を同様に扱っている。

例えば、土木一式工事・とび土工コンクリート工事・電気工事・管工事・消防施設工事の5業種について、それぞれ1年ずつしか経営業務の管理責任者としての経験がない場合でも通算して5年を超える場合は、全ての業種の経営業務の管理責任者として認めることができる。●

処分事例

有限会社Ｆは、経営業務の管理責任者を兼ねる取締役が辞任したにもかかわらず、法11条5項に定める届出をせず、一部の建設業（石、管、鋼、舗、しゅ）について旧法7条1号[11)]に掲げる基準を満たす者が一定期間不在のまま建設業を営んでいた。このことは旧法7条1号及び法11条5項に違反し、法28条1項本文に該当し、指示処分（役員従業員周知、社内教育徹底、調査点検・業務監督体制整備、書面報告）とする（2017年10月4日佐賀県知事）。

11）旧建設業法第7条1号
法人である場合においてはその役員のうち常勤であるものの1人が、個人である場合においてはその者又はその支配人のうち1人が次のいずれかに該当する者であること。
イ　許可を受けようとする建設業に関し5年以上経営業務の管理責任者としての経験を有する者
ロ　国土交通大臣がイに掲げる者と同等以上の能力を有するものと認定した者

処分事例

有限会社Mは、経営業務の管理責任者である役員が平成26年6月1日に退任し、旧法7条1号[11]に掲げる基準を満たす者を欠く状況であったにもかかわらず、法11条5項の届出を行わず、平成29年3月1日再度役員が就任するまでの間許可要件を欠いたまま営業を継続していた。このことは法28条1項本文に該当し、指示処分（役員従業員周知、社内教育徹底、調査点検・業務監督体制整備、書面報告）とする（2017年9月25日三重県知事）。

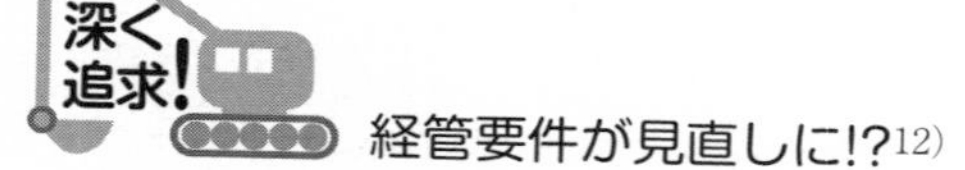

経管要件が見直しに!?[12]

国土交通省は建設業法における建設業許可要件の一つになっている経営業務の管理責任者について、社会保険の加入を許可要件とすることに合わせて、廃止も視野に要件を見直す検討をしていた。平成30年5月28日に開かれた中央建設業審議会等の基本問題小委員会で見直しの方向性が提示され、同年6月22日付「中間とりまとめ」においても言及された。

背景としては、①経営層の高齢化が進む中小企業や個人事業主等において若手の後継者に経営の業務を引き継ぐ上での足かせとなりうること、②建設業の業態の多様化に伴い、今後、建設業と他産業を兼業する企業にとっても建設業に関して5年以上経営業務に従事した経験を有する役員等を確保することがますます困難となることが見込まれること、③申請者、許可行政庁の双方にとって、5年以上の業務経験を証明する書類の作成・確認に多大な労力がかかっていること、が挙げられる。

なお、「廃止も視野に」検討されるとしても、中間とりまとめでは「建設企業の経営業務に当たる者の資質等の確保は極めて重要であり、注文者

12）改正の概要は、15頁。

をはじめとするステークホルダーの関心事でもあることから、建設企業の経営業務を行う者に関する情報を必要に応じて把握できるようにすることなどをあわせて検討すべき」とも言及しており、何らかの代替措置を講じることも併せて検討されることも推測できる。具体的には役員の講習制度や、経営管理を的確に遂行することができる知識及び経験を有する人を配置・届出させる制度の新設等、が考えられる。案の一つとして経管要件を廃止する代わりに社会保険加入を許可要件化する、という意見もあったが、改正法においては、経管要件の廃止は見送られた。

時代の推移に合わせた建設業法改正の検討は大いに歓迎すべきであるが、この時期だからこそ、今一度経管の存在意義を再確認して、「建設工事の適正な施工を確保し、発注者を保護するとともに、建設業の健全な発達を促進し、もつて公共の福祉の増進に寄与する」（法１条）ためにはどのようにすべきか、行政府・立法府の慎重な論議を期待したい。●

（２）適切な社会保険への加入（規７条２号）

これまでの「経営業務管理責任者」という１人体制から、業界全体の高齢化・先細り化に歯止めをかけるべく、「持続可能な事業環境の確保」という観点から、複数人体制で建設業者の取引安全を担保する「経営業務管理責任体制」を認めることができるようになった。しかし、令和２年10月１日施行の改正では、「働き方改革推進」という観点から、若者の業界参入を促進すべく、「社会保険加入」を「経営業務管理責任体制」の一つに入れ込むことで要件化した。

これに伴い、健康保険等の加入状況が様式７号の３に格上げされ、また申請及び届出において「未加入」の項目がなくなったため、①加入、②適用除外、③一括適用となった。

なお、適用除外の建設業者であり、その後、新たに従業員を雇用したなどにより加入とした場合は、変更後2週間以内の変更届を要する。そして、令和2年10月1日以降の許可業者において、社保環境の変更が生じたにもかかわらず適切な保険に未加入となった場合は、許可要件の欠如として許可取り消し事由にあたる[13]ため、社会保険制度の詳細についても熟知していなければならない。

また、社会保険加入義務についての関連した解説については、第3章195頁以下も参照されたい。

(3)専任技術者(法7条2号)

専任技術者を配置するにあたっては、下図右欄に掲げる各号に定める要件を満たす者をその営業所ごとに専任させる必要がある。

全ての営業所に、右のいずれかに該当する専任(①)の技術者(②)がいること。	イ　許可を受けようとする建設業に係る建設工事に関し学校教育法による高等学校(旧実業学校を含む。)若しくは中等教育学校の指定学科卒業後5年以上、 又は、 学校教育法による大学(旧大学を含む。)若しくは高等専門学校(旧専門学校を含む。)の指定学科卒業後3年以上、 の実務経験を有する者 ロ　許可を受けようとする建設業に係る建設工事に関し10年以上実務の経験を有する者 ハ　国土交通大臣がイ又はロに掲げる者と同等以上の知識及び技術又は技能を有するものと認定した者

以下、関係する文言の定義について、確認していく。

13) 法29条1項1号。

① 「専任」

「専任」の者とは、その営業所に常勤して専らその職務に従事することを要する者をいう。会社の社員の場合には、その者の勤務状況、給与の支払状況、その者に対する人事権の状況等により「専任」か否かの判断を行い、これらの判断基準により専任性が認められる場合には、いわゆる出向社員であっても専任の技術者として取り扱う。

次に掲げるような者は、原則として、「専任」の者とはいえないものとして取り扱うものとする（事務ガイドライン【第7条関係】2(1)）。

・住所が勤務を要する営業所の所在地から著しく遠距離にあり、常識上通勤不可能な者

・他の営業所（他の建設業者の営業所を含む。）において専任を要する者

・建築士事務所を管理する建築士、専任の宅地建物取引士等他の法令により特定の事務所等において専任を要することとされている者（建設業において専任を要する営業所が他の法令により専任を要する事務所等と兼ねている場合においてその事務所等において専任を要する者を除く。）

・他に個人営業を行っている者、他の法人の常勤役員である者等他の営業等について専任に近い状態にあると認められる者

〈確認資料〉

⇒（例）健康保険被保険者カード（両面）、住民票等[14]

※通勤時間がおおむね片道2時間以上の場合は、実際に通勤していることを裏付ける資料が必要になることが多い。

・その会社に一定額の給与を支給されていることの客観的確認

⇒（例）健康保険被保険者証、雇用保険被保険者証、厚生年金保険被保険者標準報酬決定通知書、国民健康保険被保険者証、住民税特別徴収

14）前掲注7）、8）参照。

　　　税額通知書、報酬等を支払っていることがわかる報酬等の入金記録のある預金通帳、源泉徴収簿、賃金台帳等

※健康保険被保険者証など会社・該当役員以外の第三者が発行する確認資料をできる限り準備することが必要。賃金台帳等会社自身が作成・管理できるものは、追加で提出・提示を求められる可能性が高い。

② 「者」(技術者)(法7条2号)

技術者は業種によって異なり、法7条2号イ・ロ・ハにそれぞれ該当するかを判断する学科や資格が詳細に定められている。なお、この技術者については、配置技術者制度と密接に関連している部分が多々あるが、この関連性については、第2章で述べる。

〈確認資料〉

・資格の確認

⇒(例)資格証明書等

・学科の確認

⇒(例)卒業証明書等

・実務経験の確認

⇒(例)工事実績を確認する書類((契約書、請求書、注文書等で工事内容が明記されたもの)、(一式工事については契約書))、工事に係る入金記録のある預金通帳)等

※毎月1件以上が目安で、通算して10年以上(実務経験のみの場合)の工事実績を要する。

※実務経験は、「工事実績」の経験を指し、経営業務の管理責任者で確認事項となっている「経営管理経験」とは異なることに注意されたい。

※実務の経験の期間は、具体的に建設工事に携わった実務の経験で、当該建設工事に係る経験期間を積み上げ合計して得た期間とする。なお、

経験期間が重複しているものにあっては原則として二重に計算しない

※「実務の経験」とは、建設工事の施工に関する技術上のすべての職務経験をいい、ただ単に建設工事の雑務のみの経験年数は含まれないが、建設工事の発注に当たって設計技術者として設計に従事し、又は現場監督技術者として監督に従事した経験、土工及びその見習いに従事した経験等も含めて取り扱うものとする。

申請実務のポイント ～専任技術者制度の趣旨～

ここで、専任技術者制度が設けられた趣旨について、改めて確認していきたい。

まず、建設工事に関する請負契約の適正な締結及びその履行を確保するためには、許可を受けようとする建設業に係る建設工事についての専門的知識を有した者が必要となることは当然であろう。

そして、入札、請負契約締結等の建設業に関する契約行為等は各営業所で行われることから、営業所ごとに許可を受けようとする建設業に関して、一定の資格又は経験を有した者（専任技術者）を配置することが必要となる。

上記が、専任技術者を配置する必要性であり、制度創設の趣旨である。この趣旨からもわかる通り、営業所に配置する技術者が許可を受けようとする建設業に係る建設工事について、「専門性」及び「専任性」を有していることが必要となるわけだが、この点をどのように「客観性と明確性」の見地から裏付けていくかが申請実務のポイントとなる。

話はそれるが、これまで見てきた専任技術者の「専門性」と「専任性」の二つは、経営業務の管理責任者における「常勤性」と「経験性」の二つと似ている。

「専任性」に関しては、経営業務の管理責任者における「常勤性」と同じく、「地理的・物理的に通勤することができることの確認」と「その会社に一定額の給与を支給されていることの確認」の二つの事項を確認することになるが、申請者自らが作成できてしまう書類（給与台帳、取締役会の議事録で押印がないデータ、確定申告電子申請で受け付けたことを証する確認メール添付がない書類等）では、客観性のある裏付け書類とはいえない。

したがって、住民票（公的機関発行）、社会保険資料（年金事務所発行）など、申請者以外の第三者が作成・発行した書類等、客観的かつ明確に事実を確認することができる書類により、それぞれの事項を確認していくことになる。

また、「専門性」に関しては、資格の保有状況により確認する場合は容易であるが、実務経験により確認していく場合には、請け負った工事の業種が明確にわかる工事請負契約書、注文書・請書、請求書・入金記録等、申請者以外の第三者が作成・発行した書類により、事実の客観性を高めることになる。

そして、都道府県によっては、実務を経験した期間における「常勤性」も確認する場合がある。現在と過去の勤務実態を整理して裏付けていくことが重要である。

専任技術者は、例えば実務経験10年の確認等、確認年数が長期にわたる場合が多々ある。申請窓口では、窓口担当者がパンパンに資料が入った紙袋を確認している姿をよく見かける。裏を返せば、「客観性」と「明確性」の確保、特に明確性がしっかりなされていないと、審査に時間を費やしてしまったり、窓口担当者に「きちんと管理ができていない申請者だな。この先大丈夫だろうか。」と思われてしまったり、窓口担当者から上司へ課内説明する際にうまく説明できなくさせてしまいかねない。

誰が確認・説明しても「専門性」（特に実務経験）と「専任性」があることを確認できるような状態で、申請することが重要である。

特にわれわれ行政書士は、許認可申請のプロフェッショナルとしての自覚を持たなければならない。許認可申請は、申請の段階だけではなく、その準備段階（例えば、確認資料となり得る契約書・議事録の作成やその管理・精査）が業務のほとんどを占めているといっても過言ではない。どのように書類管理をすればよいか、どのような書類を作成すればよいか、建設業でいえば、今後どのような技術者養成計画を策定していけば、営業所の増加（＝専任技術者の増加）や売上の増加（＝請負工事の増加＝配置技術者の増加）を目指せるか、経営陣に常に寄り添ってアドバイスできる存在であり続けなければならない。●

処分事例

Ｕは、舗装工事業の営業所の専任技術者を欠き、それに代わる者が不在であったにもかかわらず、法11条５項に定める届出をせず、平成27年１月１日から平成28年11月25日付けで専任技術者の削除及び廃業届が提出されるまでの間許可要件を欠いたまま該当業種の建設業を営んだ。このことは法７条２号及び法11条５項に違反し、法28条１項本文に該当し指示処分（役職員への周知・教育、社内教育徹底、調査点検・業務監督体制整備、文書報告）とする（2017年２月８日佐賀県知事）。

処分事例

株式会社Ｍは、法11条４項に違反し、専任技術者が置かれなくなった後、これに代わるべき者がいるにもかかわらず、専任技術者の変更にかかる書面の提出を怠った。このことは法28条１項本文に該当すると認められ、指示処分（変更届の至急提出、役職員への周知・教育、調査点検・業務監督体制整備、文書報告）とする（2017年６月５日秋田県知事）。

◆ 関連判例　「専任技術者」要件に該当しない事実を看過したかどうかが争われた事案

専任技術者要件の一つである常勤性について、司法の判断を紹介する（本事案は、「経営業務の管理責任者」要件においても紹介した）。

Ｎ県知事は、建設業許可の要件を満たしていないのにこれを看過して一般建設業の許可をしたために、当該許可を受けたＡ業者が瑕疵ある工事をして損害が発生したとして、当該業者に住宅の建設を注文した者が、Ｎ県に対して損害賠償請求を提訴した。本事案では、各要件審査に問題がなかったか、事実の適示と評価を詳細に判断している。

そのうち、専任技術者の「常勤性」については、過去にＡ会社の専任技術者が常勤していないため法７条２号要件を満たしておらず、係る事実を看過したことの違法性の有無について、次のように判断している。

すなわち、専任技術者の常勤性について、申請を担当したＡ会社の社員による説明と同社員が持参した出勤簿原本のみによって判断したことにつき、この判断方法は「法の趣旨に沿った取扱いであったと認めるのが相当である」とした。

また、出勤簿原本の体裁及び記載内容からすると、「これが事実に基づかないものとの疑いを生じさせる事情は見当たらないから」、審査行政庁担当者が「その記載が事実に基づくものとして」Ａ会社の専任技術者が「常勤していると判断したことも、本件許可申請を受理した担当者としての行為規範に反するものとは認め難く、担当者の上記判断に基づいて知事が本件許可をしたことも、その行為規範に反するものとは認め難い。」とした。

したがって、「客観的には法7条2号の要件を満たさないことを看過して」許可したものであっても、審査行政庁に違法な行為があったとは認め難いと判断した（東京高判平成21年12月17日判タ1319号65頁）。

（4）誠実性

許可を受けようとする者は、法人である場合においては当該法人又はその役員等若しくは政令で定める使用人が、個人である場合においてはその者又は政令で定める使用人が、**請負契約に関して不正又は不誠実な行為をするおそれが明らかな者でない者**でなければならない（法7条3号）。建設業法の目的が発注者の保護を掲げている以上、無視できない要件であるといえる。

以下、関係する文言の定義等について、紹介していく。

※事務ガイドライン【第7条関係】3

① 「不正な行為」とは、請負契約の締結又は履行の際における詐欺、脅迫、横領等法律に違反する行為をいい、「不誠実な行為」とは、工事内容、工期、天災等不可抗力による損害の負担等について請負契約に違反する行為をいう。

② 申請者が法人である場合においては当該法人、**その非常勤役員を含む役員等及び一定の使用人（支配人及び支店又は常時建設工事の請負契約を締結する営業所の代表者（支配人であるものを除く。）をいう。以下同じ。）**が、申請者が個人である場合においてはその者及び一定の使用人が、建築士法、宅地建物取引業法等の規定により不正又は不誠実な行為を行ったことをもって免許等の取消処分を受け、その最終処分から5

年を経過しない者である場合は、原則としてこの基準を満たさないものとして取り扱うものとする。

なお、許可を受けて継続して建設業を営んでいた者については、①に該当する行為をした事実が確知された場合又は②のいずれかに該当する者である場合を除き、この基準を満たすものとして取り扱うものとする。

実務の現場　申請実務のポイント～誠実性要件の確認～

誠実かどうかを確認するというのは、一般的に考えて主観的な判断に因るところが大きく、建設業法における「誠実性」も判断が難しい。しかし、申請者側において、この誠実性についてしっかりと確認しておかないと、次に紹介する東京高裁平成21年判決のような事件につながりかねないため、注意が必要である。

判決の中身に移る前に、まずはこの誠実性要件について、建設業法の文言からもう一度掘り下げてみよう。法７条３号では、「請負契約に関して」（時期）、「不正又は不誠実な行為をするおそれが明らかでない者」（行為者と行為）と規定され、いつ（時期）、誰が（行為者）、何をしてきたか（行為）の３要素が判断する際の基本要素になるといえよう。

まず「時期」については、前述①に記載のある通り「請負契約の締結又は履行」と読み替えることができる。そして、「行為者」は前述②で範囲を確定することができ、「行為」については①、②で記載していることが基準になるほか、軽微な工事に該当する基準を少し超えた工事を請け負ったことに関し誠実性の判断をした東京高裁平成21年判決も参考になる。

それでは、これらの判断要素を、申請時においてどのように裏付けしていくか。ここで申請実務のポイントである「客観性」と「明確性」をどのように確保していくかが問題になる。

思うに、誠実性要件については、これを裏付ける書面というものはなく、判決で言及しているように「申請書及びその添付書類の記載やそれまでに判明した事実から」(東京高判平成21年12月17日判タ1319号65頁) 総合的に判断することになる。

とすると、「工事経歴書」及び「直前3年の各事業年度における工事施工金額」で工事の規模や実態を、経営業務の管理責任者・専任技術者の経験性の確認(契約書等の確認書類)で請負契約書の作成有無・書面内容の当否等を、略歴書や調書等で行為者の属性を、それぞれ総合的に判断しているといえる。

ただし、「過去は消せない」というべきか、いくら申請書で誠実性をアピールするにしても、その前提となる、各請負契約の具体的内容やその施工自体に問題があったとしたら、元も子もない。普段から、適正な請負契約を締結して、適正な施工ができるよう社内体制を整備し、コンプライアンスを徹底する意識を役職員間において養成し、会社全体で共有しておかなければならない。

建設業許可は更新制度があり、毎事業年度後に法11条2項に基づき工事経歴・完成工事高・財務諸表等を報告する。そして、この報告を一つのきっかけとして頻繁に許可行政庁によるチェックが入る。許可申請書を提出するときだけ要件を満たすことを意識するだけでは、将来の許可更新において余計な手間や時間をかけてしまうおそれがある。申請手続を代理する行政書士は、建設業法やその他関連法令に関するコンプライアンスについて、現場の事業者目線から考察し、クライアント業者に対し、誠実性要件の重要性を伝えていく努力が必要である。 ●

◆ 関連判例　「誠実性」要件に該当しない事実を看過したかどうかが争われた事案

誠実性要件について、司法の判断を紹介する。

Ｎ県知事は、建設業許可の要件を満たしていないのにこれを看過して一般建設業の許可をしたために、当該許可を受けたＡ業者が瑕疵ある工事をして損害を与えたとして、Ａ業者に住宅の建設を注文した者がＮ県に損害賠償請求を提訴した本件（「経営業務の管理責任者」要件でも紹介）は、各要件審査に問題がなかったか、事実の適示と評価を詳細に判断している。

そのうち、「請負契約に関して不正又は不誠実な行為をするおそれが明らかな者でない」（誠実性要件）については、過去にＡ業者が知事許可なく建築面積150m^2を超える工事を施工したほか、発注者とトラブルを起こしており、Ａ業者の建設業新規申請において、こうした事実を踏まえた上で誠実性要件を審査したのかどうかが、論点になった。

判決では、誠実性要件は「申請書及びその添付書類の記載やそれまでに判明した事実から、当該申請者につき…（略）…「不正又は不誠実な行為」を行うおそれがあると疑うに足りる明らかな事情が見当たらない限り許可を与えるというのが法の趣旨である」とした。

その上で、判決は、本件Ａ業者について、知事許可なく建築面積150m^2を超える工事を施工したなどの「法に反する行為があったものの、同工事の建築面積は155. 1m^2であって、法の定める面積をわずかに超えるものに過ぎず、これによって実害が生じた事実もうかがわれず、本件会社はその非を認めて始末書を提出している」ことから「「不正又は不誠実な行為」を行うおそれがあると疑うに足りる明らかな事情があったとは認め難い。」とした。

また、知事許可なく建築面積150㎡を超える工事を施工したという点以外には、「本件会社が上記「不正又は不誠実な行為」を行うおそれがあると疑うに足りる明らかな事情は見当たらない」とし、発注者とのトラブルについて本判決では評価の土俵に上げなかった。

そして「この点につき更に実態調査をすべき必要性があったとは認めがたく」、審査行政庁が当該「要件を満たすものと判断したことに誤りがあったとは認められない。」とした（東京高判平成21年12月17日判タ1319号65頁）。

（５）財産的基礎

財産的基礎要件とは、請負契約を履行するに足りる財産的基礎又は金銭的信用を有しないことが明らかな者でないこと（法７条４号）をいう。以下、一般建設業許可における財産的基礎要件について、解説する。

この要件を満たしているかどうかの判断基準は、**原則として**既存の企業にあっては申請時の直前の決算期における財務諸表により、新規設立の企業にあっては創業時における財務諸表により、それぞれ行う（事務ガイドライン【第７条関係】4(4)）。

なお、この基準に適合するか否かは当該許可を行う際に判断するものであり、許可をした後にこの基準を適合しないこととなっても直ちに当該許可の効力に影響を及ぼすものではない（事務ガイドライン【第７条関係】4(5)）。

①　「請負契約」

「請負契約」には軽微な建設工事（法３条１項ただし書）を含まない（事務ガイドライン【第７条関係】4(1)）。軽微な建設工事については、26頁参照。

② 「財産的基礎又は金銭的信用を有しないことが明らかな者でない」

次のいずれかに該当する者は、倒産することが明白である場合を除き財産的基礎要件の基準に適合するものとして取り扱う（事務ガイドライン【第７条関係】4(2)）。

・自己資本の額が500万円以上である者

※「自己資本」：法人にあっては貸借対照表における純資産合計の額。個人にあっては期首資本金、事業主借勘定及び事業主利益の合計額から事業主貸勘定の額を控除した額に負債の部に計上されている利益留保性の引当金及び準備金の額を加えた額（事務ガイドライン【第７条関係】4(3)）。

・500万円以上の資金を調達する能力を有すると認められる者

※担保とすべき不動産等を有していること等により、金融機関等から500万円以上の資金について、融資を受けられる能力があると認められるか否かの判断は、具体的には、取引金融機関の融資証明書、預金残高証明書等により行う。

・許可申請直前の過去５年間許可を受けて継続して営業した実績を有する者

預金残高証明書の証明日

財産的基礎要件の確認資料として求められることの多い預金残高証明書は、審査行政庁によっては、申請から１カ月以内の証明日を要求される（起算日や期限については各審査行政庁によるので要注意）など、なるべく申請・審査の段階を反映している状態での提出を求められることがある。

この証明日に関しては、申請に向けての準備作業として、例えば専任技術者の実務経験確認資料の精査に手間取り、（準備段階で取得した預金残高証明書の証明日が実際の申請日から起算すると）１カ月以上前の証明書となってしまうこともあり得るので、注意が必要である。

なお、複数金融機関の預金残高証明書で裏付ける場合は、証明日が同一日であれば有効とされる。

実務の現場　申請実務のポイント ～財産的基礎～

財産的基礎要件の趣旨は、資材の購入及び労働者の確保、機械器具等の購入などのため、一定の準備資金や営業活動資金等を確保することで経営を安定させ、発注者の保護を図ること、そして特に特定建設業許可においては、その加重された要件によって、下請負人の保護を図ることにあるといえる。

要件を裏付ける際のポイントとなる「客観性と明確性の担保」については、この財産的基礎要件そのものが、客観的な数字（金額）を対象にするため容易に担保できるといえる。

新規申請、般・特新規申請において、特に注意が必要なのは、決算日と申請時期の調整である。

一般建設業許可も特定建設業許可も、当該要件を満たしているかどうかの判断は、原則として既存の企業にあっては申請時の直前の決算期における財務諸表により、新規設立の企業にあっては創業時における財務諸表により、それぞれ行うとしている（事務ガイドライン【第７条関係】4(4)、【第15条関係】2(6)）。

例えば、３月31日決算の企業の場合、株主総会等の決算報告承認を経て決算が確定するのは、たいてい５月以降になることが多いのではないだろうか。この企業は、いわゆる法11条２項に基づく財務諸表等の届出を７月31日までにすれば足りるが、経営事項審査申請等も絡んでくるとなると、財務諸表作成、経営状況分析申請、法11条２項届出、経営事項審査申請、そしてこれらに加えて更新申請（及び更新申請における財産的基礎要件の精査）の準備等により、社内が慌ただしくなる。更新時期により確定した決算報告書とそれに基づいた建設業法上の財務諸表は異なってくるが、自分の会社の提出タイミングとそこから逆算した準備をしないと、手続を失念し、入札等会社の経営に大きな影響を及ぼすことになるおそれがある。

◆ 関連判例 「財産的基礎」要件に該当しない事実を看過したかどうかが争われた事案

財産的基礎要件について、司法の判断を紹介する。

建設業許可の要件を満たしていないのにこれを看過して一般建設業の許可をしたために、当該許可を受けた業者が瑕疵ある工事をして損害が発生したとして、当該業者に住宅の建設を注文した者が県に損害賠償請求を提訴した本件（経営業務の管理責任者要件でも紹介した）は、各要件審査に問題がなかったか、事実の適示と評価を詳細に判断している。

そのうち、「請負契約を履行するに足りる財産的基礎又は金銭的信用を有しないことが明らかな者」であること（財産的基礎要件）については、一般建設業許可申請時に、500万円を超える預金を有する旨の預金残高証明書を提出したことについて判例は下記の通り事実を拾いあげて評価している。

すなわち、「預金残高証明書が申請の20日前のものであることや損益計算書等の記載からして本件会社が債務超過の状態にあった」としても、「20日前に作成された預金残高証明書によって本件会社の資金調達能力を判断したことに誤りがあったとは認め難いし、損益計算書等の記載からしても、本件会社が倒産することが明白であると認めるべき事情があったとは認め難い」とした（東京高判平成21年12月17日判タ1319号65頁）。

（6）その他

①　欠格要件

（1）～（5）の許可要件とは性質を異にするため、法7条とは別の条文で設けており、該当すれば「許可してはならない」（欠格要件）というもので、それぞれの内容は下記の通りである。

なお、規7条1号ロにおける直接補佐者が欠格要件判断該当者に含まれるかどうかについては、その直接補佐者の役職が役員等に該当しない限り、含まれない[15]。

1　許可申請書又はその添付書類中に重要な事項について虚偽の記載があり、又は重要な事実の記載が欠けているとき（法8条本文）

2　法人にあっては、当該法人、その法人の役員等、（申請者が営業に関し成年者と同一の行為能力を有しない未成年者である場合の）法定代理人、政令使用人（令3条）が、また、個人にあってはその本人又は支配人等が、次の要件に該当しているとき

ア　破産手続開始の決定を受けて復権を得ない者（法8条12号、13号、1号）

イ　不正の手段により許可を受けたこと等により、その許可を取り消され、その取消しの日から5年を経過しない者（法8条12号、13号、2号）

ウ　イに該当するとして聴聞の通知を受け取った後、許可の取消しを免れるために廃業の届出をした場合、届出から5年を経過しない者（法8条3号、4号）

エ　建設工事を適切に施工しなかったために公衆に危害を及ぼしたと

15）「建設業法施行規則等の改正に伴う建設業許可事務ガイドラインの改訂に関する意見募集の結果について」（国土交通省不動産・建設経済局建設業課令和2年12月2日）。

き、あるいは危害を及ぼすおそれが大であるとき、又は請負契約に関し不誠実な行為をしたこと等により営業の停止を命ぜられ、その停止期間が経過しない者（法８条５号、法29条の４、法28条３項、５項）

オ　許可を受けようとする建設業について営業を禁止され、その禁止の期間が経過しない者（法８条12号、13号、６号）

カ　禁錮以上の刑に処せられ、その刑の執行を終わり、又はその刑の執行を受けることがなくなった日から５年を経過しない者（法８条12号、13号、７号）

キ　次の法律に違反し、又は罪を犯したことにより罰金刑に処せられ、その刑の執行を終わり、又はその刑の執行を受けることがなくなった日から５年を経過しない者（法８条12号、13号、８号）

（ア）建設業法

（イ）建築基準法、宅地造成等規制法、都市計画法、景観法、労働基準法、職業安定法、労働者派遣法の規定で政令で定めるもの

（ウ）暴力団員による不当な行為の防止等に関する法律

（エ）刑法204条（傷害）、206条（現場助勢）、208条（暴行）、208条の２（凶器準備集合 及び結集）、222条（脅迫）又は247条（背任）の罪

（オ）暴力行為等処罰に関する法律の罪

ク　暴力団員による不当な行為の防止等に関する法律２条６号に規定する暴力団員、又は同号に規定する暴力団員でなくなった日から５年を経過しない者（以下「暴力団員等」という。）（法８条12号、13号、９号）

ケ　暴力団員等が、その事業活動を支配する者（法８条14号）

コ　営業に関し成年者と同一の行為能力を有しない未成年者でその法

定代理人が上記のいずれかに該当するもの（法８条11号）

サ　心身の故障により建設業を適正に営むことができない者（精神の機能の障害により建設業を適正に営むに当たって必要な認知、判断及び意思疎通を適切に行うことができない者（法８条10号、12号、13号、規８条の２）

深く追求！　更新時の欠格要件

法８条本文括弧書では、「許可の更新を受けようとする者にあつては、第１号又は第７号から第14号までのいずれか」と示されているが、読み替えれば、更新においては、法８条２号から６号までのいずれかに該当しても許可の拒否事由にならないということである。

これは許可が業種ごとに与えられるものであり、許可取消しを受けていない他の建設業の許可についてはその更新をする必要があること、営業の停止又は禁止は許可の更新を認めないものではないことによるものである。

深く追求！　ペナルティ以前からの役員等又は使用人

法８条12号及び13号括弧書の「第２号に該当する者についてはその者が第29条の規定により許可を取り消される以前から、第３号又は第４号に該当する者についてはその者が第12条第５号に該当する旨の同条の規定による届出がされる以前から、第６号に該当する者についてはその者が第29条の４の規定により営業を禁止される以前から、建設業者である当該法人の役員等又は政令で定める使用人であつた者を除く。」は、許可申請者の役員等又は一定の使用人のうち、法８条２号から４号及び６号に該当する者であっても、その者が当該事由に該当する以前から当該許可申請者の役員等又は一定の使用人であった場合には、それをもって直ちに許可の取消し又は許可の拒否事由とすることは適切でないとの趣旨により規定されたものである。●

実務の現場 申請実務のポイント～欠格要件～

欠格要件は、簡単に言ってしまえば「悪いことを今までしていなかったかどうか」であって、他の4要件に比して、「うちは大丈夫だろう」と考えやすく、軽く考えられがちである。申請の際に裏付けとなる添付書類も、様式第六号「誓約書」に押印するだけで、確認資料が不要であるので、申請準備の作業自体は全く負担がない要件といえる。しかし、この欠格要件は審査行政庁側自らが処分や罰則の有無を確実に審査する点なので注意が必要である。

それでは、誓約書押印を経由した申請書一式作成において、この欠格要件はどのように対処すればよいのか。

実際の申請をする担当役員、担当社員、代理行政書士にとって、欠格要件に該当していないかどうかを確認することは、法8条のように明確な規定があっても実務の現場では、なかなか「確認が難しい」部分である。例えば、過去に罰金刑に処せられた人からすれば、あまり思い出したくない過去であったり、他人に知られたくないことであったり、と欠格要件に該当していることを隠匿してしまう可能性がある。申請書を準備する側も、その人との関係性（上司と部下、お客様）を考慮するあまり、どうしても確認がおざなりになりがちである。

しかし、一旦、欠格要件に該当しないという誓約書とともに申請書を提出するということは、許可申請手数料（新規申請9万円、更新申請5万円）を支払うということであり、その後審査の段階で欠格要件が見つかり許可が下りない（不許可処分や申請取り下げ）場合であってもその手数料は戻ることはない。また、許可が下りないことでその後の営業活動に大きな影響がでることは容易に想像できるであろう。このように考えれば、心を鬼にしてでも確実に欠格要件の調査は怠ってはならない。●

行政書士代理申請と欠格要件

行政書士は、官公署に提出する書類を作成（行政書士法１条の２）することを独占業務としており、この作成した書類を官公署へ提出する手続についても代理することが一般的である。建設業許可でいえば、許可申請書一式を作成し、これを申請し、受理印をもらうことが職務といえる。

例えば、実は欠格要件に該当し、「申請は受理されたものの、審査の結果許可されなかった」場合であっても、行政書士としての職務は完了している。要件に該当していないという事実そのものは、許可申請者たる建設業者の事情及び責任であって、書類の作成・提出業務を担当する行政書士の事情や責任で許可が下りなかったわけではないからである。

もっとも、この点に関しては、申請実務において、建設業者と行政書士間でトラブルにならないよう、行政書士は、「謙虚な姿勢」で細心の注意を払わなければならない。

そもそも行政書士は、何をしてくれる存在なのか、申請と審査の流れはどのようになるのか、を懇切丁寧に説明しなければならない。これを怠ると上記のトラブルを起こす芽に成長しかねない。

欠格要件に該当するかどうかは、社内の人間ではない行政書士からすれば、確認しづらい部分で、かつ、申請者側が「信用出来ない人には話したくない」とかたくなになっていると、申請が受理されても、後々トラブルになることは目に見えている。自分は何のために申請を代理し、どこまでが報酬を受け取るべき業務であるかを明確に説明し、報酬をいただいてミスなく申請をする以上、必要な聴取事項なのだということを理解していただく努力と、「この行政書士は信用できる」と思わせる説明力を常に磨かなければならない。

処分事例

T株式会社の代表取締役は、伊那簡易裁判所から傷害の罪により罰金30万円の刑の言渡しを受け、平成29年5月30日その刑が確定した。このことは法29条1項2号に該当し、許可の取り消し処分とする（2017年9月28日長野県知事）。

処分事例

株式会社Tの役員が法人税法違反により懲役1年（執行猶予3年）の判決を受け、平成28年1月8日に刑が確定した。このことは法8条7号の欠格要件に該当し、許可の取り消し処分とする（2017年8月2日東京都知事）。

処分事例

O有限会社の役員が自動車運転過失傷害により禁固1年（執行猶予3年）の判決を受け平成26年11月1日に刑が確定した。このことは法8条7号の欠格要件に該当し、許可の取り消し処分とする（2017年8月2日東京都知事）。

処分事例

K株式会社（主たる営業所熊本県）の社員（東北営業所長）は農林水産省東北農政局仙台東土地改良建設事業所の発注工事（鋼構造物工事）の一般競争入札において同局職員（当時）と共謀の上、同局職員（当時）から入札参加業者名、各入札参加業者の加算点集計表、工事の設計金額及び調査基準価格の教示を受け、同社東北営業所をして同工事を落札させ、もって偽計を用いて公の入札で契約を締結するためのものの公正を害すべき行為を行うとともに、謝礼の趣旨のもとに当該同局職員（当時）に対し、飲食及び宿泊の接待を供与し、もって当該同局職員（当時）が職務上不正な行為をしたことに関し賄賂を提供したとして、平成29年6月16日に山形地方裁判所から公契約関係競売等妨害及び贈賄による懲役1年2カ月（執行猶予3年）の判決を受け、その刑が確定した。このことは法28条1項2号及び3号に該当し、営業停止処分（青森県、岩手県、宮城県、秋田県、山形県、福島県の各区域内の鋼構造物工事業に関する公共工事、120日間）とする（2017年8月25日九州地方整備局長）。

処分事例

W株式会社（主たる営業所東京都）は他の事業者と共同して遅くとも平成25年5月14日から平成27年10月5日までの間、地方公共団体等が宮城県又は福島県の区域を施工場所として一般競争入札、指名競争入札又は指名競争見積の方法により発注する施設園芸用施設の建設工事について、受注予定者を決定し、受注予定者が受注できるようにすることにより、公共の利益に反して、同工事の取引分野における競争を実質的に制限したものであって、これが私的独占の禁止及び公正取引の確保に関する法律３条に違反するものとして公正取引委員会から平成29年２月16日に排除措置命令及び課徴金納付命令を受けている。このことが法28条１項２号及び３号に該当し、営業停止処分（全国における建築工事業に関する公共工事又は民間工事であって補助金交付をうけているもの、30日間）とする（2017年７月12日関東地方整備局長）。

◆ 関連判例　「欠格要件」に該当しない事実を看過したかどうかが争われた事案

欠格要件について、司法の判断を紹介する。

建設業許可の要件を満たしていないのにこれを看過して一般建設業の許可をしたために、当該許可を受けた業者が瑕疵ある工事をして損害が発生したとして、当該業者に住宅の建設を注文した者が県に損害賠償請求を提訴した本件（経営業務の管理責任者要件でも紹介した）は、各要件審査に問題がなかったか、事実の適示と評価を詳細に判断している。

そのうち、欠格要件については、本件申請書に添付された工事経歴書に申請時直前１年より前に施工された工事が記載されたことが法８条本文の虚偽記載等に該当しないかが問題となった。

判例は、県が「手引に記載されているとおり工事経歴書には申請時直前の営業年度中の完成工事を記載すると取扱いをしており、この取扱いが法の趣旨に反するものとは認め難い」とした（東京高判平成21年12月17日判タ1319号65頁）。

県の取扱い通り、申請時直前の営業年度（事業年度）の記載でよく、「申請直前１年以内の工事」を記載までは求めていないということが推測できよう。

② 「工事経歴書」（法６条１号）

工事経歴書は、許可申請時のみならず毎事業年度終了時に法11条２号に基づく届出でも提出する書類となるので、毎年作成する必要がある。そのため、工事経歴書は毎事業年度どのような工事を経験したか発注者を保護する目的で作成する（閲覧対象書類）。また、経営業務の管理責任者や専任技術者の経験性確認において、経営管理経験や実務経験の証明者が建設業許可業者の場合は、その許可業者の提出している工事経歴書をもって裏付け確認する重要な書類となる。したがって、正確に記載しなければならない。

工事進行基準と社内管轄

工事進行基準とは、収益を完成引渡しの実現時点ではなく決算期末に工事の進行度合い＝進捗度によって工事収益及び工事原価を計上する経理方法である。これに対して工事が完成し引渡しを行った時点で請負代金額を完成工事高として計上する経理方法を工事完成基準という。

この会計方法は、法11条２項に基づく財務諸表にも反映させなければならないが、工事経歴書でも注意が必要となる。

工事進行基準を採用する場合は、工事経歴書の「請負代金の額」欄を二段書きにしなければならない。すなわち、上段に括弧書きで当該事業年度の金額を、下段に全体金額を記入しなければならない。このうち、下段の金額は契約書等で容易に把握できるが、上段カッコ書きの金額は、例えば、会社の元帳から工事未収金を引っ張ってきて当該事業年度における該当現場の部分をピックアップするなど、経理資料からの反映が必要となる。

この点、社内で許可申請管理を行っている会社は、経理部で財務諸表を、営業部で工事経歴書を、と分担していることが多いかもしれない。工事経歴は、やはり営業部署が把握していることが多いからというのも背景にあると思われる。

もっとも、例えば様式第十七号の二「注記表」8(1)において工事進行基準による完成工事高を記載しているにもかかわらず、工事経歴書では二段書きしていないなど、担当部署を異にするとこのようなズレが生じてしまう。工事経歴書を担当する場合は工事進行基準を採用しているかどうか確認し、採用している場合は、経理資料まで追って作成する必要がある。

海外の請負工事と配置技術者

近年、企業のグローバル化に伴い、海外の工事を受注・施工することが増えている。海外の工事を受注・施工した場合、工事経歴書の配置技術者欄はどうすべきか問題となる。

この点、配置技術者は日本の建設業法を頂点とする法令で定められたルールである以上、海外には適用外といえる。よって、配置技術者を、日本のルール（詳細は第2章参照）に沿って配置する必要はない。

もっとも、ある企業が日本の現場と海外の現場双方を請け負った場合などは、日本の現場で配置技術者を置くのと同じ感覚で、海外でも配置することが多いのかもしれない。技術者を配置する趣旨は、責任の所在を明確にして工事の危険を未然に防止することであることに鑑みると、どの国のどのようなルールが仮にあったとしても、この趣旨は大幅に変わらないといえるからである。

また、配置技術者を記入する工事経歴書は、閲覧対象書類であるということも重要である。閲覧制度は、まさに建設業法の「建設工事の適正な施工を確保し、発注者を保護する」目的を具現化した制度であるが、閲覧者

（発注者、消費者、地域住民）を、海外工事を請け負っても「念のため配置技術者をきちんと配置しているのだな」と思わせることも大事なのかもしれない。

配置技術者欄に記載をすべきかどうか、という具体的な運用基準は各審査行政庁によって異なってくるかもしれない。ただし、「法律上は配置不要。記載は閲覧者のために」といった判断要素を重視して考えることもよいかもしれない。●

配置技術者欄と行政書士

これまで行政書士は、「代書」屋と呼ばれていた時代があったことが示す通り、申請書の作成そのものだけを取り扱うイメージが強く、また、行政書士自身もその認識が強かったのかもしれない。もっとも規制改革や少子高齢化などの社会変革が激しい現代においては、さまざまな申請手続が世の中にあふれ、またその申請が一般の経営者自身が理解しづらい複雑性を持っている。行政書士が担う役割は申請書類の作成そのものから、作成と、その前後に位置する「申請を見据えた社内体制整備」、「コンプライアンス体制整備」まで拡大している。

申請窓口において、建設業法や審査窓口担当者の説明をよく理解していないであろう一般の申請者と、時間に追われながらその説明をしなければならない審査行政庁の窓口担当者が揉めてしまっていることをよく見かけるが、これは両者の認識に「もっとわかり易く説明してくれないものだろうか」、「なぜ理解できないのか」といった風に認識に大きな差があることも背景にあるだろう。このような現場をいつも見るたびに、両者の架け橋的存在である行政書士が、活躍しなければならないと痛感する。

話を工事経歴書に戻すが、工事経歴書には「配置技術者欄」という欄がある。工事現場には、技術者を配置しなければならない規定があるため記載が設けられている。配置技術者（主任技術者、監理技術者）の詳細については第２章で述べるが、これまで行政書士は、代理申請する場合においても、この配置技術者欄についての関りが希薄であった。すなわち、許可申請を担当する行政書士にとって、許可後の工事において現場に配置する技術者については、許可要件に比して後回しにしがちであった。

もっともこの配置技術者欄は、専任技術者との兼ね合いも含め、工期・工事場所に合わせた技術者を配置するという、企業の経営に非常に影響が出る部分である。請負工事が増大しても配置技術者が足りないと違法になってしまうなど、建設業者にとって、完成工事高増大と技術者養成は二大車輪で、この車輪を根気よく、バランスよく行わないと企業経営が成り立たなくなってしまうのが建設業である。

工事経歴書は毎年提出することが義務付けられている。ということは、最低でも年に一度その企業を客観的に分析し、完成工事高は増大しているか、技術者はきちんと育っているかを企業自身が振り返ることができるのが工事経歴書の副産物的効果だと感じている。

行政書士はこの副産物的効果を、申請のプロとして大いに活用し、各企業の「社内体制整備」、「コンプライアンス体制整備」に積極的に関わっていかなければならない。１枚の工事経歴書がそう語りかけているように思え、許可５要件とは別枠で項目立てして説明したことをご容赦いただきたい。

身分証明書と登記されていないことの証明書

確認書類の一つに、役員等の身分証明書がある。証明されるのは、①

「禁治産者又は準禁治産者の宣告の通知を受けていない」、②「後見の登記の通知を受けていない」③「破産宣告又は破産手続開始決定の通知を受けていない」の３項目であるが、被証明者が破産している場合、証明書には、「破産者である」とか「破産者で復権を得ていない」などの記載はされず①と②しか記載されない。

よって、身分証明書が発行されたからといっても、①〜③の証明事項が記載されているか確認する必要がある。

また、同様の確認書類に、登記されていないことの証明書がある。元々これは、「成年被後見人若しくは被保佐人」でない者であることの確認であったが、整備法制定16)を受け、「心身の故障により建設業を適正に営むことができない者」ではないことの確認のための添付となっている17)。

なお、これにより成年被後見人等であっても、建設業を適正に営むことができるとする医師の診断書等をもって欠格事由に当たらないとすることができるようになった。

ただし、建設業を適正に営むことができるとする状態は、後見・保佐の審判の実務から見て、そもそも後見・保佐相当の常況であるとは言い難い。成年被後見人若しくは被保佐人のまま、適正に営めるとする医師の診断書等が出るのであれば、それは本人の能力が回復した場合であると言え、取引の安全の観点からも当該後見等の審判の取消し18)を申し立てるべきであろう。

外国人通称名

近年、訪日外国人が激増し、わが国の少子高齢化・労働力人口減少とあいまって、各分野で外国人が日本で労働することをよく目にするようにな

16）「成年被後見人等の権利の制限に係る措置の適正化等を図るための関係法律の整備に関する法律」令和元年９月14日施行。
17）法８条１項10号。
18）民法10条、７条。

った。建設業界でも同様で、社員・役員と立場問わず増えてきているので、許可申請においても影響が出ている部分を説明する。

法人役員や個人事業主に求められる身分証明書は外国籍の場合は存在しないため、不要となる。その代わりとして「登記されていないことの証明」の提出が必要で、国籍欄に本国名を記載して提出が必要となる。本国名は正式な本国名で記載し、漢字表記でない国の場合はカタカナで記載する。なお、氏名はこの書類が閲覧対象外書類なので、通称名にしなければならない理由がないので、通称名は不可となる。ただし、これを提出する外国人が例えば、専任技術者となり、国家資格合格証で確認するものの、この合格証が通称名だった場合は、通称名と本名が同一人物であることがわかる資料も必要となる。また、商業登記における会社役員欄の氏名が通称名である場合は、法務局が審査の上、認めた氏名なので、「登記されていないことの証明」においても通称名で可ともいえる。このあたりは、審査行政庁に事前相談して確実にしてから取得されたい。

これに対し、別紙一「役員等の一覧表」は閲覧対象書類なので、通称名のみの記載でも可とされることが多い。

様式第十二号の「住所、生年月日等に関する調書」は閲覧対象外書類なので、正式な本国名を記載し、氏名は通称では不可となる。住所等も詳しく記載が必要で、例えばアラビア圏などなじみのない言語の場合は住所にフリガナがあったほうがわかりやすい。

このように外国人が建設業許可業者に関わる場合は、さまざまな場面で日本人の手続以上に注意が必要となる。閲覧対象かどうか、通称名の有無、漢字で表記が可能かどうかを確かめ、各案件、事前に審査行政庁に相談されたい。

3◆特定建設業の許可（法15条～17条）

建設業を営もうとする者が発注者から直接請け負う１件の建設工事につき、その工事の全部又は一部を、下請代金の額（その工事に係る下請契約が２以上あるときは、下請代金の額の総額）が4000万円以上（建築一式工事の場合は6000万円以上）（施行令２条）となる下請契約を締結して施工しようする場合は、特定建設業に区分され、その許可を受けなければならない（法３条１項２号）。

この特定建設業許可の趣旨は、下請業者の保護と、建設業者の適正な施工の確保の２点である。下請業者にとって、元請業者に財産的基礎がなく資金繰りが危ない状況があるとすると、下請金額を不当に低くされたり、無理な工期を強いられたり、危険性をはらむことになる。したがって、特定建設業許可においては専任技術者と財産的基礎要件において非常に厳しいハードルを設けている。

本項では、この専任技術者（ただし、技術者要件の詳細は第２章で述べる）と財産的基礎要件について取り上げる。なお、確認であるが、経営業務の管理責任者要件・誠実性要件・欠格要件は、法15条１号及び８条により、一般建設業許可と共通である。

深く追求！

法３条６項と大臣許可

例えば、大阪が本店で京都と奈良に支店がある業者において、大臣許可の一般建設業を取得して営業している業者がいるとする。ここで、大阪本店が、下請代金の額が4000万円以上になる工事を請ける可能性が出てきたのであれば、特定建設業の許可申請（般・特新規）をしなければならない。

大臣許可（一般建設業許可）

大阪本店	京都支店	奈良支店

もっとも、京都支店、奈良支店も法３条６項により、一般建設業の効力を失うことになるので、大阪本店はもちろんこれらの支店も特定建設業の要件を満たさなければならず、特に一級資格者等の技術者の確保が、最大かつ喫緊の課題となる。かといって、技術者確保に失敗し、大阪本店のみ営業所として許可換え新規申請をし、知事許可に切り替えるとすると、京都・奈良両支店では軽微な建設工事ですら請け負うことができなくなる。

大阪本店で特定許可を取得する必要が出てきたが、
支店では特定要件（技術者）がそろわず、許可換え新規申請（知事許可）へ

大阪本店
般・特新規申請
許可換え新規申請

京都支店　奈良支店
軽微な建設工事すら請け負えない。

大きな仕事はある日突然やってくると思い、現状に満足せず、常に技術者の養成・確保と許可取得管理をバランスよく行うために、定期的な社内分析と計画策定が必要であるといえる。

「営業所」と企業経営計画

「営業所」は、いわゆる建設業許可における５要件（経営業務の管理責任者、専任技術者、誠実性、財産的基礎、欠格要件）とは別に位置づけて

見られることが多く、見落としがちだが、営業所そのものの要件（独立性）や前述のように企業の経営に大きく影響が出てくることがあるので、注意が必要である。

一つ例を設定してみよう。東京本店・埼玉支店がある建設業者が大臣許可を取得している。この建設業者は電気工事業をメインに請け負っていて、東京本店・埼玉支店で電気工事業の許可を取得し、また、東京本店・埼玉支店双方に一級電気工事施工管理技士を営業所・現場ともにそれぞれ専任・配置することができるため、特定許可を取得して工事を請け負っていた。一方、電気通信工事はメインの電気工事業と密接関連するので、東京本店のみ二級電気通信工事施工管理技士を営業所・現場ともにそれぞれ専任・配置することができるため、一般建設業許可を取得していた（埼玉支店では支社員が技術者になれず取得していない）。

許可業種と技術者数の詳細は下図をご参照されたい。

Ａ建設株式会社（大臣許可）

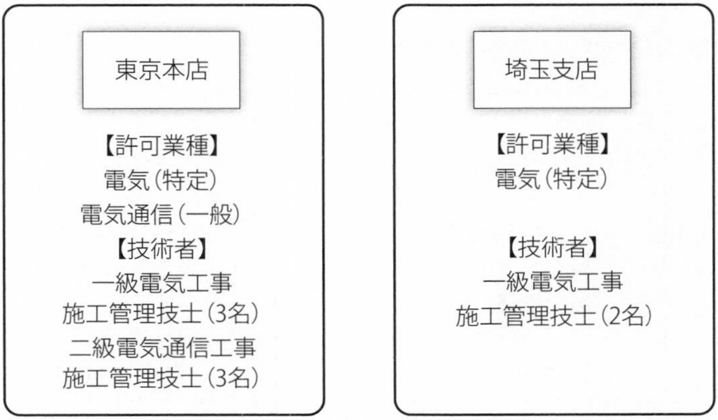

東京本店	埼玉支店
【許可業種】 電気（特定） 電気通信（一般） 【技術者】 一級電気工事 施工管理技士（3名） 二級電気通信工事 施工管理技士（3名）	【許可業種】 電気（特定） 【技術者】 一級電気工事 施工管理技士（2名）

この建設業者において、埼玉支店の一級電気工事施工管理技士２名が定

年退職等により、いなくなってしまうことを想像してみよう。素直に考えれば、埼玉支店では、許可要件を維持する技術者がいなくなるので、東京本店のみの知事許可に許可換え新規申請するしかない。

ここで、二級電気通信工事施工管理技士が東京本店に３名いることに注目し、そのうちの１名を埼玉支店に異動することを会社として決定した場合はどうか。この場合は、埼玉支店に電気通信工事業の専任技術者となり得る技術者がいることになるので、「営業所」を存続させ、大臣許可を維持することができる（ただし、電気通信工事業の配置技術者は埼玉支店にいないので、埼玉支店にて電気通信工事を原則として請け負うことはできない）。

大臣許可を一度取得した建設業者にとって、知事許可に戻る（大臣許可業者は、ほとんどの場合知事許可から出発し、成長して大臣許可を取得している）ことは、会社の信頼にかかわるため避けたいと考える傾向にある。ましてや、その理由が上記の例のような技術者不足であるならば、「あの会社は技術者が少ない（減った）」と公表しているようなもので、なんとかこの事態を防止したいと考えている。

A建設株式会社（大臣許可を維持できる）

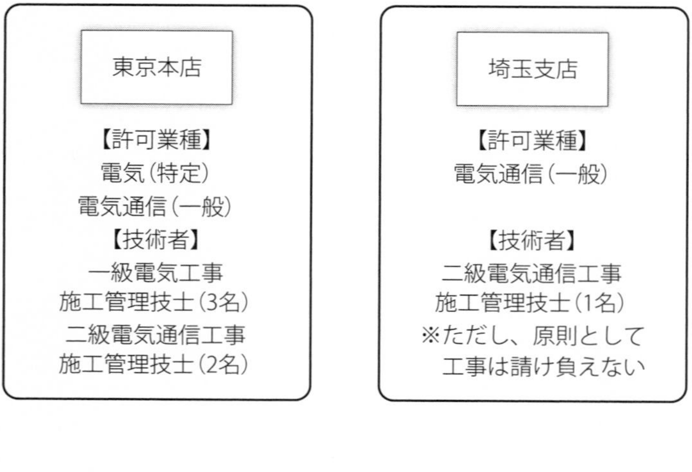

東京本店	埼玉支店
【許可業種】 電気（特定） 電気通信（一般） 【技術者】 一級電気工事 施工管理技士（3名） 二級電気通信工事 施工管理技士（2名）	【許可業種】 電気通信（一般） 【技術者】 二級電気通信工事 施工管理技士（1名） ※ただし、原則として 工事は請け負えない

上記の例では、前述した通り、素直に考えると東京本店のみの知事許可へという結論に行きがちであるが、ちょっとした人事異動により大臣許可を維持することができる。ただし、専任技術者としての技術者のみしか埼玉支店に異動できない場合は、配置技術者がいないこととなり、埼玉支店として工事を請け負うことができないこと、大前提として、人事異動には社員（技術者）側の家庭や生活状況に少なからず影響があることも忘れてはならない。

建設業者にとって、売上の増大と技術者の養成・確保は二大車輪で、どちらもバランスよく行わなければならないことは本章を通して何度も言及してきたが、今回の例でも同じことがいえよう。常に現状を把握し、想定される問題に対しどう対処するかを考えておく必要がある。

許可・経審・入札等を担当する行政書士は、このことはなおさら大切である。上記の例において、行政書士によって、「知事許可へ戻すしかない」と説明するか、「大臣許可を維持することはできる」と説明するか、バラバラであってはならない。日ごろから建設業法を深く研究し、お客様である建設業者に対し「説明力」をもって企業経営計画を支えていく使命を帯びている自覚を持たなければならない。 ●

（1）専任技術者（法15条2号）

許可を受けようとする者は、営業所ごとに、専任の技術者を置かなければならない。

全ての営業所に、右のいずれかに該当する**専任**（①）の**技術者**（②）がいること。許可を受けようとする建設業に係る建設工事に関し、次に掲げるいずれ	イ　27条1項の規定による技術検定その他の法令の規定による試験で許可を受けようとする建設業の種類に応じ国土交通大臣が定めるものに合格した者又は他の法令の規定による免許で許可を受けよう

かの要件に該当する者	とする建設業の種類に応じ国土交通大臣が定めるものを受けた者 ロ　7条2号イ、ロ又はハに**該当する者のうち**（⑥)、許可を受けようとする建設業に係る建設工事で、発注者から直接請け負い、その請負代金の額が**政令で定める金額**（⑤）以上であるものに関し2年以上**指導監督的**（④）な**実務の経験**（③）を有する者 ハ　国土交通大臣がイ又はロに掲げる者と同等以上の能力を有するものと認定した者

指定建設業と特定許可

法15条2号ただし書は、「施工技術（設計図書に従つて建設工事を適正に実施するために必要な専門の知識及びその応用能力をいう。以下同じ。）の総合性、施工技術の普及状況その他の事情を考慮して政令で定める建設業（以下「指定建設業」という。）の許可を受けようとする者にあつては、その営業所ごとに置くべき専任の者は、イに該当する者又はハの規定により国土交通大臣がイに掲げる者と同等以上の能力を有するものと認定した者でなければならない。」と規定している。

「政令」にあたる令5条の2に具体的な指定建設業として、**土木工事業、建築工事業、電気工事業、管工事業、鋼構造物工事業、舗装工事業、造園工事業**の7業種としている。

指定建設業に該当する業種で特定建設業許可を取得する際は特に、更なる専任技術者の制限が厳格となるので注意されたい。

① 「専任」（法15条２号）

一般建設業専任技術者における「専任」性と同一。

② 「者」（技術者）（法15条２号）

技術者は業種によって異なり、法15条２号イに該当するかを判断する学科や資格が詳細に定められている。なお、この技術者については、配置技術者制度と密接に関連している部分が多々あるが、この関連性については、第２章で述べる。

③ 「実務の経験」（法15条２号ロ）

営業所におかれる技術者に必要とされる実務の経験は、発注者から直接請け負った建設工事に係るものに限られており、したがって発注者の側における経験、元請負人から下請人として請け負った建設工事に係る実務の経験は含まれない（事務ガイドライン【第15条関係】1(1)）。

④ 「指導監督的な実務の経験」（法15条２号ロ）

「指導監督的な実務の経験」とは、建設工事の設計又は施工の全般について、工事現場主任者又は工事現場監督者のような立場で工事の技術面を総合的に指導監督した経験をいう（事務ガイドライン【第15条関係】1(2)①）。

⑤ 「政令で定める金額」（法15条２号ロ）

指導監督的な実務の経験の前提となる、請負金額は、「政令」、すなわち令５条の３において4500万円と規定されている。
ただし、
・昭和59年10月１日前に請負代金の額が1500万円以上4500万円未満の建

設工事に関して積まれた実務の経験

・昭和59年10月１日以降平成６年12月28日前に請負代金の額が3000万円以上4500万円未満の建設工事に関して積まれた実務の経験

については、4500万円以上の建設工事に関する実務の経験とみなして、当該２年以上の期間に算入することができる（事務ガイドライン【第15条関係】1(2)②）。

⑥　法７条２号イ、ロ又はハに「該当する者のうち」（法15条２号ロ）

法７条２号イからハまでのいずれかに該当するための期間の全部又は一部が、法15条２号ロに該当するための期間の全部又は一部と重複している場合には、当該重複する期間を法７条２号イからハまでのいずれかに該当するまでの期間として算定すると同時に法15条２号ロに該当するための期間として算定してもよい（事務ガイドライン【第15条関係】1(3)）。

（２）財産的基礎（法15条３号）

特定建設業許可における、財産的基礎要件は、一般建設業許可のそれと異なり、非常に厳しいハードルを設けている。法15条３号は、「発注者との間の請負契約で、その請負代金の額が政令で定める金額以上であるものを履行するに足りる財産的基礎を有すること」と規定し、「政令で定める金額」は、8000万円である（令５条の４）。

具体的には、下記３点の全ての基準を満たす者は、倒産することが明白である場合を除き、この基準を満たしているものとして取り扱う。

なお、当該基準を満たしているかどうかの判断は、原則として既存の企業にあっては申請時の直前の決算期における財務諸表により、新規設立の企業にあっては創業時における財務諸表により、それぞれ行う。ただし、当該財務諸表上では、資本金の額に関する基準を満たさないが、申請日までに増資を行うことによって基準を満たすこととなった場合には、「資本金」については、この基準を満たしているものとして取り扱う（事務ガイドライン【第15条関係】2(6)）。

・**欠損の額が資本金の額の20%を超えていないこと**

　※「欠損の額」：法人にあっては貸借対照表の繰越利益剰余金が負である場合にその額が資本剰余金、利益準備金及び任意積立金の合計額を上回る額、個人にあっては事業主損失が事業主借勘定から事業主貸勘定の額を控除した額に負債の部に計上されている利益留保性の引当金及び準備金を加えた額を上回る額（事務ガイドライン【第15条関係】2(2)）

・**流動比率が75%以上であること**

　※「流動比率」：流動資産を流動負債で除して得た数値を百分率で表したもの（事務ガイドライン【第15条関係】2(3)）

・**資本金の額が2000万円以上であり、かつ、自己資本の額が4000万円以上であること。**

　※「資本金」：法人にあっては株式会社の払込資本金、持分会社等の出資金額、個人にあっては期首資本金（事務ガイドライン【第15条関係】2(4)）

　※「自己資本」：法人にあっては貸借対照表における純資産合計の額、個人にあっては期首資本金、事業主借勘定及び事業主利益の合計額から事業主貸勘定の額を控除した額に負債の部に計上されている利益留保性の引当金及び準備金の額を加えた額（事務ガイドライン【第15条関係】2(5)）

財産的基礎要件と日々のチェック

財産的基礎要件は新規申請時に審査され、その後は5年ごとの更新申請で審査されることになる。言い換えれば、毎事業年度の決算届出（法11条2項）は義務であるものの、財産的基礎要件に関しては「許可を行う際に判断するものであり、許可をした後にこの基準を適合しないこととなっても直ちに当該許可の効力に影響を及ぼすものではない」（事務ガイドライン【第7条関係】4(5)括弧書15条3号の基準について同じ。）となっているので一見許可と許可の間はあまり気にしなくても良いように思える。

もっとも、特に特定建設業許可の場合は、その趣旨が日頃から取引きしている下請負人の保護である以上、日頃から財産的基礎要件には、目を光らせてチェックしておかなければならない。5年ごとの更新でうまく帳尻を合わせられるような要件ではないからである。

特に行政書士が申請している場合は、許認可のプロフェッショナルであるのだから、当たり前のようにチェックしアドバイスしていることが望ましい。

例えば、夫が社長でその妻が経理を担当している家族経営の延長のような建設業者の場合、「経理を担当している」というのは経理ソフトに入力することを指していることが多い。「流動比率」が何かを理解していることは稀である。この経理を担当する妻が、入力したものをもとに、税理士が決算書類を作成し、税務申告し、申告後に行政書士がその決算書類を預かるという一般的な流れでは、財産的基礎要件を事前チェックする機会が皆無である。

つまり、税務申告後においては、特定建設業許可を維持できなくなってしまうこともあり得るということである（又は、万が一会計処理が間違っていた場合であったとしても税務修正申告からやり直しをせざるを得ない場合が出てくるかもしれない)。

特定建設業許可を取得した場合は、特に経理（の入力）を担当する人にも財産的基礎要件の理解を深めてもらい、毎日の入力業務を行うに当たり少しでも不安に感じることがあれば、すぐに相談してもらうコミュニケーション体制を早急に構築していれば安心である。●

◆建設業許可業者が作成する財務諸表の意義

建設業許可業者は、法人税確定申告書に添付する決算書とは別に、建設業法施行規則別記様式第15号乃至17号の２に定める様式で、国土交通大臣の定める勘定科目の分類に基づく財務諸表（以下「建設業財務諸表」という。）を毎年決算終了後に作成し、決算日から４ヶ月以内に監督官庁である許可行政庁に提出することが義務づけられている[1)]。

建設業法が、所定の勘定科目と様式を用いて財務諸表を作成・提出することを建設業者に義務づけている趣旨は、建設業者として適正な財務諸表を作成して、公衆の閲覧に供することによって、公共工事及び民間工事の発注者が、建設業者の経営成績や財務内容の健全性を的確に判断した上で、建設業者を選択できるようにすることである。

例えば、東京都知事許可業者については、東京都都市整備局市街地建築部建設業課において、建設業者から東京都へ提出された財務諸表を誰でも閲覧することができる。大臣許可業者においては、主たる営業所がある都道府県を所管する地方整備局において、同様に閲覧することができる。また、経営事項審査を受けている建設業者については、一般財団法人建設業情報管理センター（CIIC）がネット上で、経営事項審査の結果通知書を常に公開しているので、主な財務データ及び財務内容の評価である「評点Y」をいつでも無料で閲覧することができる。よって、経営事項審査を受審した建設業者であれば売上高、売上総利益、支払利息、経常利益、流動負債、利益剰余金、自己資本、資本金などの会計データをいつでも誰でも調べることができる。

1）法11条２項。

建設業者間に於いても、下請業者が元請業者との工事請負契約を検討する際に、元請業者のＹ評点を事前に確認し、700点以上なら手形払いでもよいが、600点未満は現金払を支払条件とする、500点未満であれば前受金の支払いを契約条件とする、というように業者間での取引条件を左右することもあるようだ。

各々の建設会社にとっては、所定の様式で財務諸表が作成されることにより、同業他社と比較することが容易なため、販売管理費はもとより完成工事原価報告書に記載された材料費、外注費、労務費、現場諸経費、現場人件費と完成工事高から工事原価を差し引いた完成工事総利益及び粗利率などを他社と比較・検討するなど、経営方針や自社の工事原価を改善する際の貴重な資料となっている。なお、上記CIICのホームページに掲載される「建設業の経営分析」（平成30年度版では全国49,727社を対象に分析している）を見ると、土木、建築、設備などの業種別、売上高5,000万円未満から20億円以上に分類された売上階層別、北海道、東北、関東などの地域別データにより財務資料を比較分析している。自社の外注費率、現場諸経費の割合や技術職員１人当たりの完成工事高などをはじめとした建設業者にとって重要なデータを同業他社と比較することができる。このように建設業財務諸表の作成・提出は、建設業法の目的である発注者保護と建設業者の健全な育成及び発展に大きく寄与している。

一方、多くの中小建設業者が税務申告用に作成する決算書は、法人税等の課税所得の計算を主な目的として作成するのが一般的なので、企業会計原則に基づく財務情報が必ずしも適切に表示されているとは限らない。しかも勘定科目の設定は企業ごとに異なるため「完成工事高、完成工事未収入金、未成工事支出金、工事未払金、完成工事原価報告書（Ⅰ材料費、Ⅱ労務費、（うち労務外注費）、Ⅲ外注費、Ⅳ経費、（うち人件費）」などの建設業者にとって重要な財務情報が記載されていないことも少なくない。特に兼業売上がある建設業者は、兼業部門の売上や原価が混在することも多く、建設業本体の実態がわかりにくくなる。加えて決算書の勘定科目の使い方が企業ごとに異なるため、他社の財務内容と比較検討することが必ずしも容易ではない。したがって、建設業財務諸表を作成しなければ、建設業を営む企業について財務状況、経営内容を正確に把握することは事実上困難である。

国土交通省所管の各地方整備局、都道府県の建設業許可担当部署においては、建設業許可申請の際に、建設業法施行規則[2]で定めた様式による財務諸表の提出を求め、許可要件の一つである財産要件の確認資料として活用している。具体的な基準については、以下に記載の【許可要件に関わる財務諸表の確認事項】を参照されたい。なお、土木一式、建築一式などの許可を取得し、主に元請として高額の工事を受注する特定建設業者は、許可取得後も５年ごとの更新の際に直近の財務諸表で以下の①から④の財産要件を全て満たさないと、許可の更新ができなくなるので十分な注意が必要である。

【許可要件に関わる財務諸表の確認事項】

(1) 一般建設業許可（新規）………………純資産合計が500万円以上

(2) 特定建設業許可（新規及び更新）……①純資産合計4000万円以上

②資本金2000万円以上　③流動比率75％以上　④欠損比率20％以下[3]

公共工事を受注しようとする建設業者は、経営事項審査において、財務内容はＹ評点で審査されるため、企業会計原則による適正な建設業財務諸表の作成を求められ、国土交通省が指定する分析機関の審査を毎年受けなければならない。

分析機関は、建設業者から提出された財務諸表の内容を審査する際に疑義があれば、法人税確定申告書の別表、勘定科目内訳書、総勘定元帳、棚

2）規４条。
3）第１章　財産的基礎103頁参照。

卸資産の明細書、金銭消費貸借契約書などの提出を求め、申請された建設業財務諸表が虚偽に作成されたものでないことを確認する。

加えて国土交通省は、分析機関からの疑義業者情報提供により、財務諸表の粉飾等の虚偽申請防止対策として、疑義業者への立入、呼出し等の手段により、工事請負契約書、工事原価台帳、預金通帳等を確認し、内容が真正であったか否かを確認する。検査により虚偽が発見されれば、審査行政庁は厳格に監督処分を行うとともに、悪質な事例については刑事告発も行うこととなる。

不適切な申請の事例については、①未完成工事の売上計上、②工事進行基準の不正な適用、③経費計上の先送り、④回収可能性がない債権等の資産計上、⑤完成工事原価や販売管理費の特別損失計上などが紹介されている[4)]。

【処分事例】

S株式会社は、虚偽の内容（完成工事高の水増し）を記載した決算の変更届を提出した。また、県に対して当該虚偽の内容に基づく経営規模等評価申請及び総合評定値請求を行い、これらにより得た経営規模等評価結果通知書及び総合評定値通知書をもって、県に対し公共工事の競争入札参加資格申請を行った。

このことは、法28条１項２号に該当する【営業の停止処分[5)]】。

また、許可行政庁における審査担当者は、許可申請書類に記載された内容が、真実か否かを確認する資料としても活用している。例えば、役員報酬、従業員給与、完成工事原価における「Ⅳ経費（うち人件費）」の額が少ないと思われる場合には、経営業務管理責任者、専任技術者、施行令第３条使用人、配置技術者らの常勤性に問題がないか。主たる営業所及び従たる営業所などの事務所の賃貸借契約書に記載された家賃の年間支払合計

4）国土交通省総合政策局建設業課「経営事項審査の虚偽申請防止対策について」全建ジャーナル2006年12月号。
5）平成29年８月31日香川県知事。

金額と販売管理費の地代家賃額に大きな差異があれば、許可申請書に添付された賃貸借契約書に疑義が生じる。

完成工事原価報告書に記載された外注費が、工事原価総額に占める割合が異常に大きい場合は、一般建設業者であれば元請として4,000万円（建築一式工事で6,000万円）以上を下請に発注できないので業法違反の恐れがある。あるいは下請に対し工事を一括下請負（丸投げ）させている疑いもある。このように建設業許可申請書に記載された申請内容と財務諸表のデータを精査し、建設業法違反調査の端緒としている。なお、事業年度終了報告書（決算変更届）に添付されている工事経歴書に記載された請負工事の内容や業種判断に誤りがないかを、Ｉ材料費、Ⅲ外注費などの数値を参考にして審査することもある。

このように建設業許可業者が適正な建設業財務諸表を毎年作成・提出することは、建設業法１条（目的）にある「建設業を営む者の資質の向上」「発注者の保護」「建設業の健全な発達」のために重要な意義を持っている。

第2章 技術者制度

1◆技術者制度とは

工事現場では下記の図のように、発注者、設計者、工事請負会社といった関係者がさまざまな業務を行っている。

このような関係者が連携・支援しながら、それぞれの担当業務を行い、工事の完成を目指しているのである。

本章では、技術者及びそれに係わる職種及び制度について解説するが、まずは下記の図をみていただきたい。

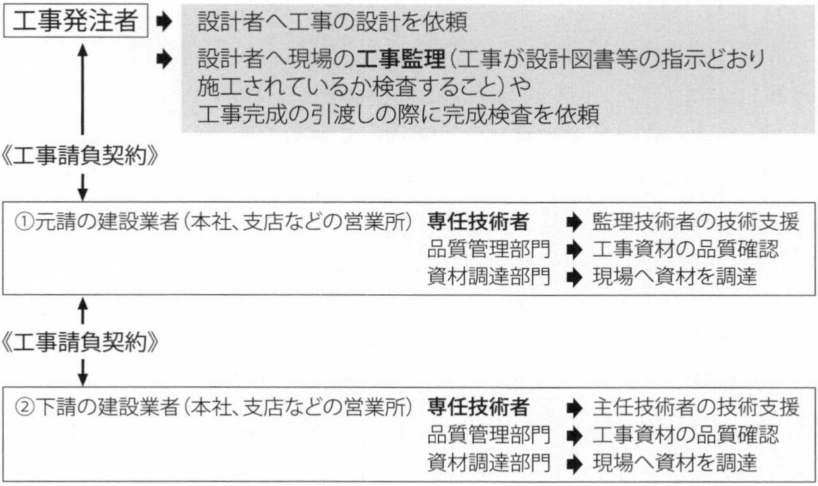

工事発注者
➡ 設計者へ工事の設計を依頼
➡ 設計者へ現場の**工事監理**（工事が設計図書等の指示どおり施工されているか検査すること）や工事完成の引渡しの際に完成検査を依頼

↕《工事請負契約》

①元請の建設業者（本社、支店などの営業所）
- **専任技術者** ➡ 監理技術者の技術支援
- 品質管理部門 ➡ 工事資材の品質確認
- 資材調達部門 ➡ 現場へ資材を調達

↕《工事請負契約》

②下請の建設業者（本社、支店などの営業所）
- **専任技術者** ➡ 主任技術者の技術支援
- 品質管理部門 ➡ 工事資材の品質確認
- 資材調達部門 ➡ 現場へ資材を調達

③工事現場：（元請関係者）

1. 現場代理人 ➡ 工事発注者、本社、下請関係者、警察、消防など関係官庁、近隣住民との連絡・調整
2. **監理技術者** ➡ 5.6.7.9.10.へ技術上の指導監督と**工事現場全体**の**施工管理**
3. 統括安全衛生責任者 ➡ 工事現場全体の安全衛生管理
4. 補助技術者 ➡ 監理技術者の補佐
5. **専門技術者** ➡ 土木・建築一式工事業者が専門工事を自ら施工する場合に、施工管理や技能労働者への技術上の指導監督をする（監理技術者が該当する資格を有していれば兼務可能）

：（下請関係者）

6. 現場代理人 ➡ 元請、再下請業者などの工事関係者との 連絡・調整
7. **主任技術者** ➡ 9.10.へ技術上の指導監督と**自社が請負った範囲**の**施工管理**
8. 安全衛生責任者 ➡ 自社が請負った範囲の安全衛生管理
9. 補助技術者 ➡ 主任技術者の補佐
10. 職長、技能労働者 ➡ 技術者の指示に従って、実際に工事を施工する

営業所の「専任技術者」と現場の「配置技術者（監理技術者、主任技術者）」は、原則として建設業法上同等の資格・経験を求められているが、担当する業務及び勤務場所は異なっているのが一般的である。

「専任技術者」は「①元請の建設業者」「②下請の建設業者」ともに本社、支店などの営業所に常勤するのが原則で、工事現場で仕事をすることはない（ただし、専任技術者が工事現場に配置される主任技術者と兼務することが例外的に認められるケースもある。140頁「請負金額等による建設業法適用区分一覧表」を参照されたい）。

主な業務としては、発注者から建設業者が工事を受注する際に、設計者（建築設計事務所など）が作成した設計図書を精査した上で、建築資材、施工方法、施工計画案を検討し、施工上の問題点があれば改善案を

提案すること。さらに建設業者として工事請負金額及び請負契約の内容を決定するための積算見積書、工事内訳書の作成などがある。

一方「配置技術者」は、建設工事の施工に当たり、施工内容、工程、技術的事項、契約書及び設計図書の内容を把握したうえで、その施工計画を作成し、工事全体の工程の把握、工程変更への適切な対応等具体的な工事の工程管理、品質確保の体制整備、検査及び試験の実施等及び工事目的物、工事仮設物、工事用資材等の品質管理を行うとともに、当該建設工事の施工に従事する者の技術上の指導監督を行う（法26条の４第１項）ことになる。なお、工事現場で配置技術者が抱えきれないほど困難な技術上の問題が発生した場合は、営業所の専任技術者に技術的な支援を求めることもある。

請負金額にかかわらず建設業者は技術者を配置しなければならないが、現場に配置すべき技術者（配置技術者）は、建設業法及び関連法令により定められている。特定建設業許可、一般建設業許可によって専任技術者の資格要件はそれぞれ異なり、また、請負金額によって現場専任、非専任と取扱いが異なっている。

技術者制度は細分化され、複雑であるが、技術者制度を理解することは非常に重要であることから、次項より技術者の役割を順次解説していく。なお、配置技術者には主任技術者と監理技術者があり、これらをまとめて「監理技術者等」という。

請負金額等による建設業法適用区分一覧表

<table>
<tr><th colspan="5">土木工事及び27業種の専門工事（建築一式工事以外の工事）</th></tr>
<tr><td>請負金額
（万円）※1</td><td>下請金額
（万円）※2</td><td>許可区分</td><td>技術者種別</td><td>技術者の現場専任の必要性
※4</td></tr>
<tr><td rowspan="2">3,500以上</td><td>4, 000以上</td><td>特定建設業</td><td>監理技術者</td><td rowspan="2">専任</td></tr>
<tr><td rowspan="3">4, 000未満</td><td rowspan="2">一般建設業</td><td rowspan="2">主任技術者</td></tr>
<tr><td>500以上</td><td rowspan="2">非専任（他の工事現場と兼任可）</td></tr>
<tr><td>500未満</td><td>許可不要</td><td>主任技術者（無許可業者は配置不要）</td></tr>
</table>

<table>
<tr><th colspan="5">建築一式工事</th></tr>
<tr><td>請負金額
(万円)※1</td><td>下請金額
(万円)※2</td><td>許可区分</td><td>技術者種別</td><td>技術者の現場専任の必要性
※4</td></tr>
<tr><td>7,000以上</td><td rowspan="2">6,000以上</td><td rowspan="2">特定建設業</td><td rowspan="2">監理技術者</td><td>専任</td></tr>
<tr><td rowspan="2">1,500以上</td><td rowspan="3">非専任（他の工事現場と兼任可）</td></tr>
<tr><td rowspan="2">6,000未満</td><td>一般建設業</td><td>主任技術者</td></tr>
<tr><td>1,500未満</td><td>許可不要（$150m^2$ 未満の木造住宅も、請負金額にかかわらず許可不要）</td><td>主任技術者（無許可業者は配置不要）</td></tr>
</table>

※１　請負金額　同一の工事を分割して請け負う場合は、各契約額の合計金額
※２　下請金額　発注者から直接工事を請け負った元請負人が、すべての一次下請へ発注した外注工事費の合計金額
※３　金額はすべて税込金額
※４　改正法により、現場の兼任、配置案件の緩和が運用として行われる場合がある（11頁参照）。

（１）主任技術者（法26条１項）

建設業者（監理技術者を置かなければならないこととされている特定建設業者を除く）が請け負った建設工事を施工するときは、当該建設工事における施工の技術上の管理をつかさどる「主任技術者」を工事現場に置かなければならない。

建設業法が、技術者を営業所に専任することを義務付ける主旨は、「営業所における請負契約の適正な締結及び履行を確保」するところにある。しかしながら、「建設工事の適正な施工を確保」という業法の目的を実現するためには、営業所に技術者を専任させるだけでは十分ではない。そこで、建設業法は、各建設工事現場に当該建設工事に関し実務経験、又は、所定の資格を有する者を配置し、工事施工の技術上の管理を行わせているのである。

このことから、工事現場に配置される技術者と所属建設業者は、直接的かつ恒常的な雇用関係でなければならないとされている。なお、この要件については「監理技術者制度運用マニュアル」[1)]に詳しく定められている。

①　直接的な雇用関係とは

直接的な雇用関係とは、監理技術者等とその所属建設業者との間に第三者の介入する余地のない雇用に関する一定の権利義務関係（賃金、労働時間、雇用、権利構成）が存在することをいう。

所属建設業者との雇用関係の確認書類としては、健康保険被保険者証等がある。つまり、所属建設業者が会社であれば、社会保険等に加入している社員が直接的な雇用関係にあるといえる。

また、「直接的」な雇用関係として限定を付しているため、下請けの個人事業者や出向社員等は、建設業者の直接的な指揮命令が行き届かな

1）最終改正令和２年９月30日国不建130号。

いおそれがあるため、原則としてこの要件（直接的な雇用関係）を満たしているとはいえない。

②　恒常的な雇用関係とは

恒常的な雇用関係とは、一定の期間にわたり当該建設業者に勤務し、日々一定時間以上職務に従事することが担保されていることに加え、監理技術者等と所属建設業者が双方の持つ技術力を熟知し、建設業者が責任を持って技術者を工事現場に設置できるとともに、建設業者が組織として有する技術力を、技術者が十分かつ円滑に活用して工事管理等の業務を行うことができることが必要である。

特に、国、地方公共団体及びその他政令で定める法人が発注する建設工事において、発注者から直接請け負う建設業者の専任の監理技術者等については、所属建設業者から入札の申込のあった日（指名競争に付す場合であって入札の申込を伴わないものにあっては入札の執行日、随意契約による場合にあっては見積書の提出のあった日）以前に３カ月以上の雇用関係にあることが必要である。

（２）監理技術者（法26条２項）

監理技術者とは、建設業者が発注者から直接請け負うときに、下請に外注する金額の合計が4000万円（建築一式工事の場合6000万円）以上の場合、下請業者を適切に指導、監督する総合的な役割を担う者である。特定建設業者が、上記金額以上となる下請契約を締結して施工する場合に、監理技術者をその工事現場に置かなければならないとされている。

法26条２項により監理技術者の配置を求められている「特定建設業者」については、「発注者から直接建設工事を請負った」、かつ「当該建設工事を施工するために締結した下請契約の請負代金の額が法３条１項

２号の政令（令２条）で定める金額以上になる場合」という条件が付されている。

したがって、次のような場合には、特定建設業者であっても２項は適用されず、すべての建設業者に適用される１項の適用により、主任技術者を工事現場に配置することで必要十分となる。

① 他の建設業者の下請けとして施工する場合

② 発注者から直接請け負った建設工事であっても、当該建設工事を施工するために下請業者を使用しない場合（発注者から直接建設工事を請負った建設業者自身が建設工事を全て施工する。）

③ 当該建設工事を施工するために、下請業者と下請契約を締結した場合であっても、すべての一次下請業者と締結した請負代金の総額が一定の金額4000万円（建築一式工事の場合6000万円）未満である場合

また、監理技術者は、公共工事、民間工事を問わず監理技術者資格者証[2)]の交付を受け、国土交通大臣の登録を受けた講習を受講していることが必要である。監理技術者資格者証は、監理技術者としての資格を有していることを示すカードであり、一般財団法人建設業技術者センター（https://www.cezaidan.or.jp/）にインターネット又は郵送で申請することにより交付される。

専任が求められる現場においては監理技術者資格者証の携帯義務付けはもちろん、発注者の請求があったときは提示しなければならない。

一般財団法人建設業技術者センター「監理技術者実務経験証明書」の実務経験の記載例によると、実務経験の場合は経験した工事の主要な内容について現場名を入れ「簡潔に記入すること」となっているが、指導監督的実務経験については「工程管理」「品質管理」「安全管理」「技術上の指導監督」等、単なる実務経験ではなく指導監督的立場での実務経

２）「監理技術者資格者証及び監理技術者講習修了証」（『監理技術者制度運用マニュアル』四）。

監理技術者資格者証の実物写し。

氏名　　昭和　年　月　日 生　本籍
住所
初回交付　平成　年　月　日　　交付　平成　年　月　日
交付番号　第　　号
監理技術者資格者証
平成　年　月　日　まで有効
国土交通大臣指定資格者証交付機関
一般財団法人 建設業技術者センター理事長
所属建設業者　　許可番号　東京都知事　第　　号
有する資格　一土施
建設業の種類　土建大左と石屋電管タ鋼筋舗しゅ板ガ塗防内機絶通園井具水消清解
有・無　10001100001011001000000001000

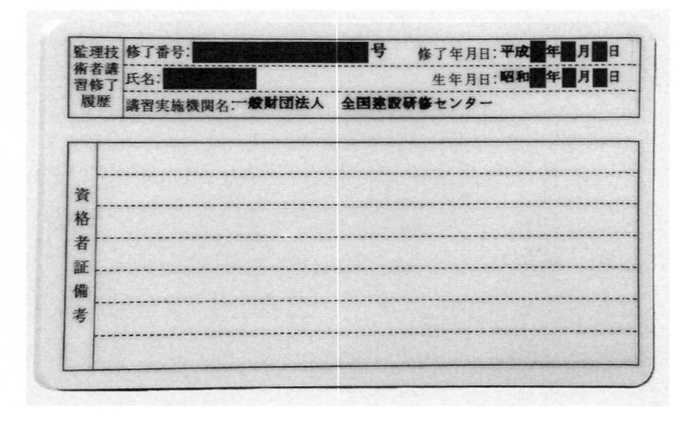

監理技術者講習修了履歴
修了番号:　　号　修了年月日:平成　年　月　日
氏名:　　生年月日:昭和　年　月　日
講習実施機関名:一般財団法人　全国建設研修センター

資格者証備考

験を具体的かつ詳細に記載する必要がある。

表面には顔写真を添付し氏名、住所、生年月日、本籍地等の個人情報及び監理技術者資格者証交付年月日、有効期限、交付番号、所属建設業者、有する資格、担当する建設業の種類等が記載されている。

裏面には監理技術者講習[3]（監理技術者として現場に入る際には工期のどの期間からみても５年以内（関連改正、12頁参照）に講習を修了していることが必要）についての履歴欄があり、こちらは国土交通大臣の登録を受けた監理技術者講習を実施している機関[4]で受講する。

深く追求！ 監理技術者資格者証と専任技術者

平成26年６月４日、建設業法が約40年ぶりに大幅改正され、併せて施行規則も改正された。ここで専任技術者の要件を証明する書類に監理技術者資格者証が加わった。これにより特定建設業者における専任技術者の指導監督的実務経験での要件確認が大幅に効率化されたといえる。

法施行前であれば、専任技術者を指導監督的実務経験で申請する場合、許可行政庁によっては、監理技術者資格者証を有していたとしても改めて指導監督的実務経験の裏付が求められ、24カ月分の工事請負契約書（原本）を提示しなければならなかった。

申請者にとって負担となっていたが、特に有資格者が少ない機械器具設置工事業（機）、電気通信工事業（通）の特定建設業許可業者の許可申請、変更申請において改正により負担が軽減されたといえる（なお、（通）については平成29年11月10日、技術検定が新設された）。●

処分事例

株式会社Ｈは、特定建設業の許可を受けずに、法３条１項２号の政令で定める金額以上となる下請契約を締結した。また、当該工事において監理技術者を配置せず、施工体制台帳を作成しなかった。このことは、法28条１項２号に該当し、営業の停止処分29日間とする（平成29年７月25日福岡県知事）。

3）以前は監理技術者修了証が別途発行されていたが、平成16年６月１日の建設業法施行規則改正により監理技術者証と統合され、表裏一枚のカードとなった。
4）監理技術者講習の実施機関については下記を参照。
国土交通省（監理技術者講習の実施機関一覧）http://www.mlit.go.jp/totikensangyo/const/1_6_bt_000094.html

（3）専任

現場において配置される技術者は、一定の品質、技術力を確保するため、工事請負金額により現場専任が求められる。また、すでに第１章で触れた営業所の専任技術者は原則営業所専任であるが、例外的に専任技術者であっても配置技術者として現場に配置できることがある。ここでは現場と営業所の「専任性」について解説していく。

①　監理技術者等（監理技術者・主任技術者）の現場専任

公共性のある施設若しくは工作物又は多数の者が利用する施設若しくは工作物に関する重要な建設工事で、工事１件の請負代金の額が3500万円（建築一式工事の場合7000万円）以上に配置される監理技術者等は、工事現場ごとに専任の者でなければならない（法26条３項）。

「公共性ある施設若しくは工作物又は多数の者が利用する施設」は、令27条１項に、具体的に列挙されている。しかし、その中には飲食店が記載されていないが、当然飲食店は公共性があり、また多数の者が利用する施設にあたるので該当することになる。このことから令27条１項は限定列挙ではなく、例示列挙と解される。つまり「戸建ての個人住宅を除くほとんど全ての工事」で「工事１件の請負代金の額が3500万円（建築一式工事の場合7000万円）以上のもの」については専任性が求められているといえよう。

技術者が現場の掛け持ちをすることは専任性を欠くことになり、適正な施工管理や技術的指導が行われないままで施工されることが懸念される。加えて、建設業法に基づく監督処分や指名停止処分の対象にもなるので、十分な注意が必要である。なお、改正法において「技士補」の制度が設けられ、これを配置することにより監理技術者の現場兼任が可能となった5)。また、主任技術者の配置については、鉄筋工事と型枠工事において、一定の条件の元、下位下請に主任技術者を配置しないことができるようになった[6]。

監理技術者等の現場の兼任

監理技術者等が専任性を要する工事であっても、一定の要件を満たせば、兼任できることがある。

〈二以上の工事を同一の主任技術者が兼任できる場合〉

現場専任を要する二以上の建設工事であっても「密接な関係のある工事」かつ「同一の場所又は近接した場所」であれば主任技術者一人で現場の兼任が認められる。ただし、この規定は監理技術者には適用されない。

【例】

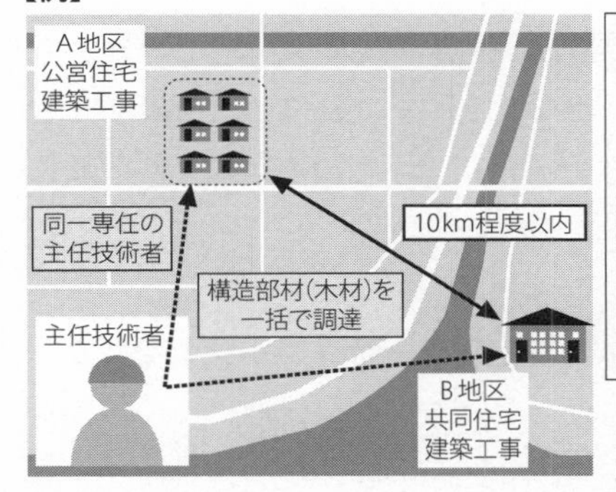

密接な関係のある工事とは
工事の対象となる工作物に一体性もしくは連続性が認められる工事
又は
施工にあたり相互に調整を要する工事

「施行にあたり相互に調整を要する工事」の例
・2つの現場の資材を一括で調達し、相互に工程調整を要するもの
・工事の担当の部分を同一の下請け業者で施工し、相互に工程調整を要するもの

接近した場所とは
工事現場の相互の間隔が10km程度の場合も適用

●主任技術者が管理することができる工事の数は、
専任が必要な工事を含む場合は、原則2件程度とする
●適用に当たっては、安全や品質の確保等、各工事の適正な施工について、
発注者が適切に判断することが必要
(平成26年2月3日付 国土建第272号『建設工事の技術者の専任等に係る取扱いについて(改正)』)

国土交通省近畿地方整備局「建設業法に基づく適正な施行体制と配置技術者」8．二以上の工事を同一の監理技術者等が兼任できる場合、を元に作成
http://www.kkr.mlit.go.jp/kensei/kensetugyo/index.html

5）法改正概要につき、序章11頁参照。
6）法改正概要につき、序章13頁参照。

「密接な関係のある工事」とは、工事の対象となる工作物に一体性若しくは連続性が認められる工事又は施工にあたり相互に調整を要する工事であり、「近接した場所」とは、相互の現場から直線で10km程度以内をいう。

従前は、5kmであったが平成26年2月に10kmに緩和された（東日本大震災の被災地では平成25年9月より10kmを適用）。

〈二以上の工事を同一の監理技術者が兼任できる場合〉

監理技術者であっても、「契約工期の重複する複数の請負契約に係る工事であること」かつ「それぞれの工事の対象となる工作物等に一体性が認められるもの」であれば、複数の工事を一の工事とみなして、同一の監理技術者が複数工事全体を管理することができる。ただし、当初の請負契約以外の請負契約は、随意契約により締結される場合に限る。●

監理技術者への変更、監理技術者等の途中交代

「監理技術者制度運用マニュアル」（2-2(3)(4)）では、主任技術者から監理技術者への変更、監理技術者等の途中交代についての取り扱いが記載されている。

「主任技術者から監理技術者への変更」

発注者から直接建設工事を請け負った特定建設業者は、下請金額により監理技術者を置くべきか否かを判断しなければならないため、その工事を請け負った時点で下請契約の予定額を的確に把握する必要がある。

工事内容、工事規模及び施工体制を考慮し、下請契約の請負代金の額が4000万円（建築一式工事の場合6000万円）を超えそうなとき又は超えることが予想される場合は、当初から所定の資格を持つ監理技術者を置かなければならない。

しかしながら、工事途中において、設計変更等により追加工事の発生など、下請工事の請負代金の合計額が増え、前述の基準を超える場合もあるが、この場合は、主任技術者に代えて監理技術者を配置しなければならない。

「監理技術者等の途中交代」

施工管理をつかさどっている監理技術者等の工期途中での交代は、建設工事の適正な施工の確保を阻害するおそれがあることから、当該工事における入札・契約手続の公平性の確保を踏まえた上で、慎重かつ必要最小限とする必要がある。これが認められる場合としては、監理技術者等の死亡、傷病又は退職等、真にやむを得ない場合のほか、工期延長（受注者の責によらない理由による）、工場から現地へ工事の現場が移行する時点（橋梁、ポンプ、ゲート等の工場製作を含む工事）、一つの契約工期が多年に及ぶ場合（ダム、トンネル等の大規模な工事）に限定される。

なお、いずれの場合であっても、発注者と発注者から直接建設工事を請け負った建設業者との協議により、交代の時期は工程上一定の区切りと認められる時点とするほか、交代前後における監理技術者等の技術力が同等以上に確保されるとともに、工事の規模、難易度等に応じ一定期間重複して工事現場に設置するなどの措置をとることにより、工事の継続性、品質確保等に支障がないと認められることが必要である。

また、協議においては、発注者からの求めに応じて、直接建設工事を請け負った建設業者が、工事現場に設置する監理技術者等及びその他の技術者の職務分担、本支店等の支援体制等に関する情報を発注者に説明することが重要である。 ●

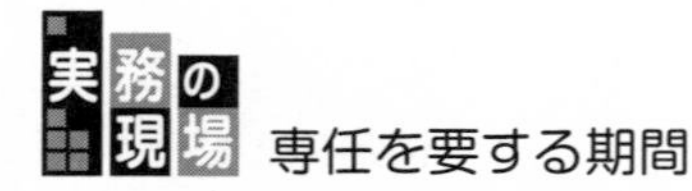

専任を要する期間

監理技術者等を工事現場ごとに専任で設置すべき期間は契約工期が基本となるが、たとえ契約工期中であっても、次に掲げる期間については工事現場への専任は求められない。

ただし、いずれの場合も、発注者と建設業者の間で次に掲げる期間が設計図書もしくは打合せ記録簿等の書面により明確となっていることが必要となる。

① 請負契約の締結後、現場施工に着手するまでの期間（現場事務所の設置、資機材の搬入又は仮設工事等が開始されるまでの間。）

② 工事用地等の確保が未了、自然災害の発生又は埋蔵文化財調査等により、工事を 全面的に一時中止している期間

③ 橋梁、ポンプ、ゲート、エレベーター等の工場製作を含む工事であって、工場製作のみが行われている期間

④ 工事完成後、検査が終了し（発注者の都合により検査が遅延した場合を除く。）、事務手続、後片付け等のみが残っている期間

一方、下請工事については施工が断続的に行われていることを考慮し、専任の必要な期間は下請工事が実際に行われている期間となる。例外的に発注者の書面による承諾を受けていれば一括して下請負に出すことが出来るが、その場合であっても主任技術者の配置は必須となる。

なお、フレックス工期（建設業者が一定の期間内で工事開始日を選択することができ、これが書面により手続上明確になっている契約方式に係る工期をいう。）及び、余裕期間（後述）を設定した場合においても同様に、工事開始日をもって契約工期の開始日とみなし、契約締結日から工事開始日までの期間（余裕期間）は、監理技術者等を設置することを要しない。

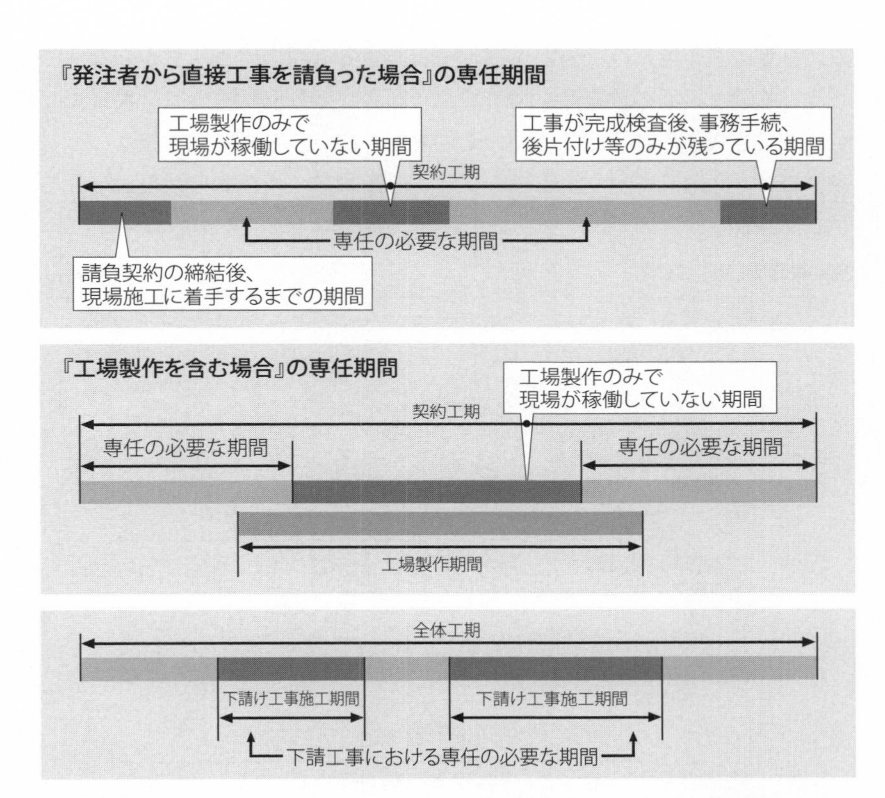

国土交通省近畿地方整備局「建設業法に基づく適正な施工体制と配置技術者」7．監理技術者等の専任期間、を元に作成
http://www.kkr.mlit.go.jp/kensei/kensetugyo/index.html

余裕期間

契約期間内の一定の期間を「余裕期間」と定め、監理技術者等の配置を不要とするのが「余裕期間制度」7)である。

余裕期間の範囲内で始期を発注者が定める方式、受注者が始期を定める

7）契約ごとに、工期の30%を超えず、かつ、４カ月を超えない範囲内。

方式、受注者が始期及び終期を選択する方式と3つのパターンからなっている。柔軟な工期の設定等を通じて、受注者が建設資材や建設労働者などが確保できるようにすることで、受注者側の観点から平準化を図ることに資すると考えられており、工事を発注する際には、積極的に活用することが期待されている。

余裕期間制度について

国土交通省

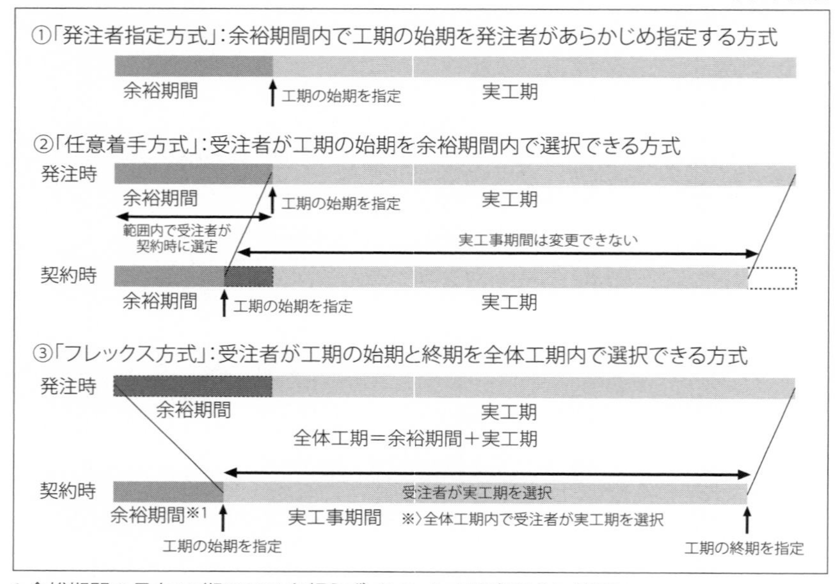

1.余裕期間の長さ:工期の30%を超えず、かつ、4ヶ月を超えない範囲
(発注者の設定時の考え方であり、「フレックス方式」において、受注者が設定する工期の始期までの「余裕期間※1」には適用しない)
2.技術者の配置:
(1)技術者の配置必要なし、現場着手してはいけない期間(資機材の準備は可、現場搬入不可)
(2)実工期・実工事期間:技術者の配置必要、準備・片付け期間を含む。

国土交通省・平成28年6月17日国技建管1号「余裕期間制度の活用について」を元に作成
http://www.mlit.go.jp/common/001135341.pdf

処分事例

H株式会社が平成25年４月から平成26年１月まで施工した民間発注のマンション新築工事におけるサッシ工事については、請負金額が建設業法施行令で定める金額以上であるため工事現場に専任の主任技術者を配置しなければならない工事であるが、当該工事の主任技術者を当該工事の期間内に他の工事現場にも主任技術者として配置しており、当該工事現場に専任しているとは認めがたい状態であった。このことは、法28条１項本文に該当し、指示処分（役職員への周知・社内教育徹底・書面報告）とする（平成29年２月８日佐賀県知事）。

処分事例

有限会社Ｓは、平成13年２月20日から平成28年２月19日まで建設業許可を有していたが、専任技術者が平成25年12月31日に退職したにもかかわらず、法11条５項に規定される変更の届け出をせず、約２年１カ月の間、専任技術者が不在のまま営業を継続していた。専任技術者が主任技術者を兼務しており、退職により不在になったにもかかわらず、法26条１項に違反して、工事現場に主任技術者を置かずに、複数の工事を施工していた。

また、許可が平成28年２月19日をもって許可が失効した後も、法40条の２に違反して、約１年間自社のホームページ等に建設業許可番号を掲示し、注文者に対して建設業許可を受けた建設業者であると誤認させた。

このことは、法28条３項に該当し、営業の停止処分26日間とする（平成29年６月１日長野県知事）。

②　営業所専任技術者の専任性について

営業所の専任技術者は、原則現場に配置できないが、次の要件を全て満たす場合は例外として認められる。

1）請負金額の額が3,500万円未満の額で、現場の専任性が求められていない工事であること。

2）専任技術者の所属する営業所で契約締結した工事であること。

3）専任技術者の職務を適正に遂行できる程度に近接した工事現場であること。

4）所属する営業所と常時連絡が取れる状態であること。

深く追求！

直轄工事においての専任性の確認

営業所に専任するのが専任技術者であり、工事現場に配置されるのが配置技術者である。そして、それぞれの役割が明確に異なることは前述した通りである。多くの自治体は各々の直轄工事において、技術者が適正に配置されていることを確認している。具体的には、法26条３項に該当する工事（配置技術者に専任が必要な工事）において、営業所の専任技術者が工事施工現場の配置技術者と重複していないことを確認するため、競争参加資格申請時や落札決定時に、専任技術者証明書様式第八号(1)等の提出を求めている。

また落札決定時に、当該工事への配置予定技術者と営業所の専任技術者が重複している場合には、上記の証明書（写）とともに、契約締結時において、工事着手前までに営業所の専任技術者を変更・削除する旨の誓約書の提出を求めている。

営業所の専任技術者と工事の配置予定技術者の重複確認について

重複確認を行う対象工事

建設業法26条3項に該当する工事（配置技術者の専任が必要な工事）全てについて対象

重複確認についての記載例

【入札公告】への記載例

本工事が建設業法26条3項に該当する場合、入札に参加し落札者となった者は、落札決定後、契約締結までに、配置予定技術者が営業所の専任技術者と重複していないことが確認できる資料を提出するものとする。

【入札説明書】への記載例

本工事が建設業法26条3項に該当する場合、入札に参加し落札者となった者は、落札決定後、契約締結までに、配置予定技術者が営業所の専任技術者と重複していないことが確認できる以下の資料を提出すること。

・建設業法施行規則3条に定める専任技術者証明書（写）

…様式第八号(1)、又は、様式第八号(2)(建設業の許可の更新後に専任技術者の変更があった場合は、該当する者が記載された様式第八号(1)を含む。)

また、落札決定時に、当該工事への配置予定技術者（主任（監理）技術者）と営業所の専任技術者が重複している場合は、上記の証明書（写）とともに、契約締結時において、工事着手前までに営業所の専任技術者を変更・削除する旨の誓約書（別紙様式○）を提出すること。

なお、専任技術者の変更手続が完了した場合には、許可担当部局へ届け出たことが証明できる資料（専任技術者証明書様式第八号(1)）の写しについても工事着手までに提出すること。

重複確認の手続フロー

公　告

↓

競争参加資格確認申請書提出

「主任（監理）技術者の資格・工事経験（別様式3)」の「＊6専任技術者との重複の有無」欄に重複の有無を記入。

↓

競争参加資格確認結果通知

↓

開札・落札

重複が解消している場合

・様式第八号(1)又は様式第八号(2)(建設業の許可の更新後に専任技術者の変更があった場合は、該当する者が記載された様式第八号(1)を含む。)を提出。

重複が解消していない場合

・上記証明書(写)とともに、工事着手前までに営業所の専任技術者を変更・削除する旨の誓約書を提出。

↓

契約締結

重複が解消していない場合

・専任技術者の変更手続が完了した場合には、許可担当部局へ届け出たことが証明できる資料(専任技術者証明書様式第八号(1)の写し)を提出。

↓

工事着手

国土交通省九州地方整備局平成 24 年 2 月 6 日プレスリリース「営業所の専任技術者と工事の配置予定技術者の重複確認について」を元に作成

http://www.qsr.mlit.go.jp/n-kisyahappyou/h24/data_file/1457240470.pdf

処分事例

株式会社Oは、市発注の工事の2次下請けとして請負った工事において、請負金額が令27条で定める金額以上であったため、主任技術者を工事現場に専任しなければならない工事であったにもかかわらず、営業所の専任技術者を同現場に配置していた。

このことは、法28条1項本文に該当し、指示処分（役員従業員周知・業務管理体制整備・書面報告）とする（平成28年12月26日愛媛県知事）。

処分事例

株式会社Nは、舗装工事他の営業所の専任技術者を欠き、それに代わる者が不在であったにもかかわらず、法11条5項に定める届出をせず、平成25年6月から平成29年5月23日付けで塗装工事業等の営業所の専任技術者の削除及び一部廃業届出が受理されるまでの間、許可要件を欠いたまま該当業種の建設業を営んでいた。このことは、法28条1項本文に該当し、指示処分（役職員周知・業務管理体制整備・書面報告）とする（平成29年8月17日福島県知事）。

◆ 関連判例　営業所専任技術者と現場配置技術者の兼任に関する事案

営業所の専任技術者の要件及び現場配置技術者の要件について、地裁と高裁がそれぞれ詳細に判断しているので、以下に紹介していく。

【概要】

原告Ｘは電気工事業のＳ県知事許可を受けている業者であるが、道路照明施設維持補修工事の一般競争入札に参加するため、近畿地方整備局滋賀国道事務所長に対し、参加資格申請をしたところ、受付担当者の対応により入札参加資格がないとの通知を受け、入札に参加する機会を失ったと主張して国Ｙを提訴した。

【事実関係】

Ｘの営業所専任技術者は代表者Ａ。当該工事の競争参加資格確認申請（入札予定価格税抜約1844万円）において当初Ｘは工事現場への配置予定技術者をＡとし、申請書の「営業所の専任技術者との重複」の「有・無」欄には記載をしていなかった。

近畿地方整備局滋賀国道事務所事務管理官Ｂは、本件申請に関してＸに電話をし、Ａが営業所の専任技術者として登録されていないかと質問したところ、Ｘから「社長は配置予定技術者にはなれないのか」、「配置予定技術者を差し替える必要があるのか」と尋ねられた。

この質問に対し、Ｂは、（ア）Ａが工事現場への配置予定技術者であることは専任技術者の専任義務違反になるおそれがあること、（イ）工事現場への配置予定技術者を別の従業員に変更すべきである旨を一般論として説明した。

これら対応により、入札参加の機会を失われたとＸが主張し、国家賠償請求事件となった。

【大津地裁】

営業所専任技術者制度（法７条２号）の趣旨は、「建設工事に関する請負契約の適正な締結及びその履行を確保することを目的」としていることに鑑み、専任技術者は「その営業所に常勤して専ら職務に従事しなければならない」と解されるため、現場専任が必要な建設工事について営業所専任技術者が現場配置技術者を兼ねることは、法の趣旨に反することとなる。

では、本件建設工事は、法26条３項及び施行令27条１項に定める「重要な建設工事」に該当するか。

この点、本件工事は入札予定価格が約1844万円であり、法26条３項及び施行令27条１項に定める「重要な建設工事」には該当しないため、現場に配置する主任技術者は必ずしも専任である必要はない。したがって、営業所専任技術者においても、「近接性の要件」すなわち、「工事現場の職務に従事しながら実質的に営業所の職務にも従事しうる程度に工事現場と営業所が近接し、当該営業所との間で常時連絡を取りうる体制が整っているなどの特別の事情」がある場合には、「営業所の専任技術者が工事現場の主任技術者となることは法７条２号には反しないと解しうる」とした。

本件についてこれを見ると、現場と営業所が70キロも離れていて「近接し…営業所との間で常時連絡を取りうる体制が整っている」ということは困難である」として、本件申請は近接性の要件を満たさないと判断した（大津地判平成19年８月23日）。

【大阪高裁】

高裁は、Ｘによる上記電話質問がなされた状況下にあっては、Ｂは「一般論として」説明した上記（ア）及び（イ）だけでなく、営業所専任技術者による主任技術者の兼任を認めうる特例（2500万円未満[8)]）の請負代金額の建設工事で、かつ、上記「近接性の要件」を満たす場合）があることについても、Ｂは一般論として説明する義務があったにもかかわらず説明していなかったという事実を重視している。

８）現在は3500万円未満に改定されている。

また、近接常時連絡体制についても、過去に本件工事とほぼ同じ内容・工事現場でＸが落札契約をしていること、高速道路を使用すれば１時間で移動できる範囲であること、電話転送やメールを活用すれば現場から営業所に連絡をすることが容易であること、工事が夜間実施で月５、６日が常態であること等からして、営業所の専任技術者が現場配置技術者を兼任したとしても営業所の仕事に大きな影響を及ぼすものでないことから、本事案において、現場配置技術者要件を満たしている可能性が極めて高い。

さらに、Ｂが入札予定価格を知りうる立場にないとしても、入札参加する方のＸは落札すればその価格（約1844万円）で請け負う以上、重要な建設工事に該当しない2500万円未満[9]の建設工事であるとの判断ができる以上、Ｂは一般論としてでも特例の説明をする必要があった。

そして、過去にＸが同種工事において落札している以上、本件工事も入札参加していれば落札していた可能性も否定できないことから、Ｙに国家賠償法の損害賠償責任があるとした（大阪高判平成20年４月17日）。

③　出向者の専任性

出向者とは、出向元に社員の地位を維持したまま出向し、出向先の指揮監督のもとに業務遂行にあたる者である（在籍出向者）。建設業界では親子会社間における出向の事例が多く、出向契約書等により一定期間出向している。

建設業許可制度における「経営業務管理責任者」及び「専任技術者」については第１章で述べた通り営業所への常勤性が求められており、出向契約書や出向元の健康保険被保険者証・賃金台帳・出勤簿等の写しで常勤性を確認することで、出向者がその職に就くことが可能である。

しかし、出向者が出向先の「配置技術者」として監理技術者等になることは原則として認められていない。これは、監理技術者等の配置要件

9）注８）に同じ。

が工事を請け負った企業である建設会社との直接的かつ恒常的な雇用関係が必要とされていること、つまり、専任性が求められているからである。

ただし、例外として当該企業と直接的かつ恒常的な雇用関係がある出向者（転籍出向者）は、出向先の「配置技術者」になることができる。また、出向者であっても一定の「企業集団」に所属する者については、当該企業と直接的かつ恒常的な雇用関係があると認定されたときに、特例として出向先の「配置技術者」になることができる。

企業集団とは

出向者が主任技術者・監理技術者として現場に配置されることは原則として認められないが、例外的に建設業者である親会社と、その連結子会社である建設業者間の出向社員について要件が整い、国土交通大臣から企業集団の認定を受ければ、出向者であっても主任技術者・監理技術者として現場への配置が可能となる場合がある。

親会社及びその連結子会社の間の出向社員に係る主任技術者又は監理技術者の直接的かつ恒常的な雇用関係の取扱い等（平成28年５月31日国土建119号）の概略について以下の通り説明する。

会社法に規定する親会社と連結子会社からなる企業集団に属する企業集団に属する建設業者の間（親会社とその連結子会社の間に限る。）の出向社員を出向先の会社が工事現場に主任技術者又は監理技術者として置く場合は、当該出向社員と当該出向先の会社との間に直接的かつ恒常的な雇用関係があるものとして取り扱うこととする。

「企業集団」の要件は下記の通り。

１）一の親会社とその連結子会社からなる企業集団であること。

2）親会社が次のいずれにも該当するものであること
① 建設業者であること。
② 金融商品取引法（昭和23年法律25号）24条１項の規定により有価証券報告書を内閣総理大臣に提出しなければならない者又は会社法２条11号に規定する会計監査人設置会社であること。
3）連結子会社が建設業者であること。
4）3）の連結子会社がすべて1）の企業集団に含まれる者であること。
5）親会社又はその連結子会社（その連結子会社が２以上ある場合は、それらのすべて）のいずれか一方が経営事項審査を受けていない者であること。
6）親会社又は連結子会社が、すでに本通知による取扱いの対象となっていないこと。

なお、当該取扱いを受けようとする者は、国土交通省による「企業集団確認」を受けなければならない。

国土交通大臣の認定を受けた企業集団とは、法27条の23第３項の規定による経営事項審査の項目及び基準（平成20年１月31日国土交通省告示85号）附則６の規定により認定を受けた企業集団である。この企業集団確認の申請手続は、親会社が上記要件を証明する書類等を添付して申請する。「企業集団確認書」が交付されると、その有効期間は、交付の日から１年である。

なお、連結子会社が、主任技術者又は監理技術者として工事現場に置くことができるのは親会社からの出向社員であり、同じ企業集団に属する他の連結子会社からの出向社員を主任技術者又は監理技術者としておくことはできない。

（4）職務

元請の「監理技術者等」は、請け負った建設工事の全体を統括的に施工管理する。具体的には、請け負った建設工事全体の施工計画書等の作成、監督・検査、工事管理、設計者との打ち合わせ、安全管理、近隣住民に対する工事内容の説明及び行政に対する許認可申請等の職務がある。さらに、下請建設会社の主任技術者に対して工事現場において、技術上の指導監督をする[10)]。

また、下請の「主任技術者」は、請け負った範囲の建設工事の施工管理をする。元請会社の監督のもと、現場の補助技術者、技能労働者などに技術上の指導監督をする[11)]。

具体的な職務としては、「施工計画」「工程管理」「品質管理」「安全管理」「技術上の指導監督」などがある。

品質管理の「創意工夫」

施工において社会からさまざまな要求が増えてきている状況の中、品質管理についても「創意工夫」が求められている。従来からの基礎力をベースに現場で施工に新たな工夫を凝らすことにより、従来の方法より優れた施工方法や新技術が生まれるきっかけとなり、ひいては品質向上につながるのである。国もNETIS[12)]を整備し、登録技術の活用により新技術、新工法が現場に用いられるよう後押ししている。

そして、今後はドローン等ictの活用により調査・測量から設計、施工、検査、維持管理・更新までのあらゆる建設生産プロセスに入り込んでくることが想定される(i-Construction)。これらの創意工夫が技術のスパイラルアップとなり品質管理のさらなる向上が実現することが期待されている。

10）元請の監理技術者等は、現場代理人・統括安全衛生責任者などを兼務することがある。
11）下請の主任技術者は、現場代理人・安全衛生責任者・職長などを兼務することがある。

（5）実務経験と指導監督的実務経験

建設業法が認めた国家資格者（施工管理技士など）でなくとも、技術者として一定期間、工事に携わった実務経験又は指導監督実務経験が認定されれば、専任技術者や配置技術者（監理技術者、主任技術者、専門技術者）に就任できる場合がある。

①　実務経験

法７条２号イ及びロでいう「実務の経験」とは、建設工事の施工に関する技術上のすべての職務経験が含まれる。ただ単に建設工事にかかる雑務や事務の経験は含まれないが、建設工事の発注にあたって設計技術者として設計に従事し、又は現場監督技術者として監督に従事した経験、土工及びその見習いに従事した経験等も含めて取り扱うものとされている[13)]。また、保守管理業務や草刈り、除雪等の委託業務、据え付け工事を含まない機械の設計・制作・システム開発の経験は該当しない。

②　指導監督的実務経験

法15条２項ロでいう「指導監督的な実務の経験」とは、建設工事の設計又は施工の全般について、工事現場主任者又は工事現場監督者のような立場で、工事の技術面を総合的に指導監督した経験をいう。

指導監督的な実務の経験については、許可を受けようとする建設業に係る建設工事で、発注者から直接請け負い、その請負代金の額が4500万円以上であるものに関し、２年以上の指導監督的な実務の経験が必要であるが、昭和59年10月１日前に請負代金の額が1500万円以上4500万円未満の建設工事に関して積まれた実務の経験及び昭和59年10月１日以降平成６年12月28日前に請負代金の額が3000万円以上4500万円未満の建設工事に関して積まれた実務の経験は、4500万円以上の建設工事に関する実

12）国土交通省は、新技術の活用のため、新技術に関わる情報の共有及び提供を目的として、新技術情報提供システム（New Technology Information System：NETIS）を整備した。NETISは、国土交通省のイントラネット及びインターネットで運用されるデータベースシステムである。https://www.netis.mlit.go.jp/netis/

13）事務ガイドライン【第７条関係】２(2)。

務の経験とみなして、当該２年以上の期間に算入することができる14)。

具体的には、指導監督的立場での「工程管理」「品質管理」「安全管理」「技術上の指導監督」をいう。この経験を２年以上有していると、特定建設業の専任技術者又は監理技術者としての要件を満たすことができる（ただし、指定建設業７業種15)を除く。）としている。

なお、指導監督的実務経験は、発注者から直接請け負った建設工事（元請工事）での経験に限られ、発注者側における経験、下請での経験は認められない点が、実務経験と異なっている。

（６）外国での実務経験

建設業に関する外国での経験等を有する者（外国人を含む）の認定については、「その他、国土交通大臣が個別の申請に基づき認めたもの」としており「同等以上の能力を有する」認定により、外国での経験等も認められる余地がある。

外国での経験等を有する者の認定について（大臣認定）

国土交通大臣認定においては、経営業務の管理責任者、専任技術者、配置技術者に求められる経験、学歴又は資格の要件として、外国での経営経験、実務経験、資格、学歴なども認めている。

考えられるケースとして

１）外国での経営経験を有する者を経営業務の管理責任者、実務経験を有する者を、営業所専任技術者、主任技術者又は監理技術者にしたい。

２）外国の学校を卒業した者を、営業所専任技術者、主任技術者又は監理技術者にしたい。

３）外国の資格（検定、免許など）を有する者を、営業所専任技術者（特

14）事務ガイドライン【第15条関係】１(2)②。
15）第１章参照（126頁）。

定建設業かつ指定建設業）又は監理技術者にしたい。
などが挙げられる。

しかしながら、裏付け資料がほとんど外国から取り寄せるものであり、またそれぞれ翻訳し公証する必要があるので、現状は非常にハードルが高いといえる。例えば、特定建設業における指導監督的実務経験で専任技術者の認定を受ける場合、裏付けの一つとして海外での契約書を提出することになるが、請負代金の額は日本円にレート換算したものも併せて記載するとともに、レートは契約締結当時のもので計算する必要があり、さらに換算に使用したレート表及び円レートを導いた計算式を添付しなければならない。

現在は、毎月10件未満と申請件数自体が少ないが、認定を受ければ日本国内において国家資格者と同等以上の能力を有する者として認められるので、海外経験があれば大臣認定の申請を検討しておきたい。

海外展開について

建設業需要の縮小が続いている国内の状況に反し、世界では今後アジアを中心に膨大なインフラ整備需要が見込まれている。民間だけでなく、国土交通省としても世界の旺盛なインフラ需要を取り込むべく「インフラシステム海外展開行動計画2018」を打ち出し、成長戦略の重要な柱とする狙いだ。

国ごとに建設業者に対する法規制などが異なることから、参入、進出ともに容易ではないが、大臣認定制度の対象者は日本人、外国人を問わず、また実務経験は日本企業、外国企業を問わないという汎用性の高い制度であり、海外展開の実現には大臣認定制度のさらなる普及、活用がヒントになると考えられる。

（7）技術検定制度

建設業法で定められる技術者検定制度は、平成31年度から実施された電気通信工事を含めて、土木・建築・電気・管・造園・建設機械の７種目について、１級及び２級の技術検定が実施されている。１級、２級ともに学科試験及び実地試験によって行われており、国土交通大臣の指定した試験機関が実施している。また、改正法により技術検定を第１次検定及び第２次検定に再編し、第１次検定の合格者は級及び種目の名称を冠する技士補、第２次検定の合格者は級及び種目の名称を冠する技士とすることを予定している。

建設業法以外に定められた資格であっても、「建築士法」「技術士法」「電気工事士法」「電気事業法」「電気通信事業法」「水道法」「消防法」「職業能力開発促進法」などによる資格が、建設業法における主任技術者等の技術者資格として、認められている。この場合、資格取得後に１年から３年、５年の実務経験が必要なものがあり、例えば水道法による「給水装置工事主任技術者」は、取得後１年以上の実務経験を経て、管工事の技術者としての要件を満たすことになる。

技術検定の試験事務は、指定試験機関が国家試験実施機関として行っている（法27条の２）。

電気通信工事施工管理技士の新設

平成29年11月10日の建設業施行令（昭和31年政令273号）の改正により、技術検定の種目として「電気通信工事施工管理」を新設し、「電気通信工事の実施に当たり、その施工計画及び施工図の作成並びに当該工事の工程管理、品質管理、安全管理等工事の施工の管理を的確に行うために必要な技術」を対象とした。

その背景として、近年の情報通信分野における著しい技術進歩に加え、工事の施工管理においても高度な知識、技術等が求められている電気通信工事については、施工管理に従事する技術者の育成・確保を図る必要があったことによる。

従来までは、建設業許可における専任技術者の要件として、資格では技術士法における電気電子部門、総合技術監理（電気電子）の登録証保持者及び電気通信主任技術者のみであった。これまでは技術士資格の取得が難関であったため、資格保持者が極めて少なかったことから、多くの場合、実務経験と実務経験に加え指導監督的実務を有する専任技術者が必要であったことを考えると、今後の電気通信工事施工管理技士の活躍が期待される。

技術検定制度の見直しの方向性

建設業の就業者は、若年層の減少と高齢化が進んでおり、離職率も高いのが現状である。これに伴い、技術検定の受験者数も減少傾向にあり、合格者年齢も上昇している。その影響により、20代後半から30代後半の若年層の人数が減少している。

この対応として、平成28年度より、２級学科試験の受験に実務要件を不要とし、早期受験を可能にした。また、平成30年度からは、２級学科試験の年２回の実施がなされている。さらに今後も、受験機会の拡大のほかに、学科合格者への名称付与によりキャリアステップを階層化することによる資格取得への意識を高めること、１級学科試験の早期受験等要件緩和に取り組むことなどが検討され、改正法にも反映されている。

（８）専門技術者

専門技術者とは、法26条の２の規定において、一式工事の内容である専門工事を自ら施工する場合、及び附帯工事を自ら施工する場合の専門工事又は附帯工事に係る技術者（主任技術者の要件を満たす者）をいう。

一般的には、土木一式・建築一式工事の許可業者（以下「一式工事業者」という。）が「一式工事」を請け負った場合、「専門工事」については、下請業者（当該建設工事に係る建設業の許可を受けた建設業者）に当該建設工事を施工させている。

しかし、専門工事を自社で施工する場合は、専門技術者が必要になることがある。例えば、マンション新築工事を請け負った元請建設業者が、屋根工事、大工工事、内装工事等の専門工事を自ら施工する場合は、該当する専門工事の配置技術者を現場に配置しなければならない。一式工事業者の主任技術者が、その専門工事の資格を持っている場合は、その者が専門技術者を兼ねることもできるし、専門技術者として別の者を新たに配置することもできる。

例外は、専門工事部分の工事が、請負代金の額が500万円に満たない規模の工事（軽微な建設工事）の場合、専門技術者の配置は不要である。ただし、「電気工事」の場合は、電気工事士法により原則として「電気工事士」でないと施工ができない場合があるので注意が必要である。

（９）登録基幹技能者

登録基幹技能者とは、専門工事業団体の資格認定（登録基幹技能者講習）により、技能者としての能力とともに、現場をまとめ、効率的に作業を進めるためのマネジメント能力に優れた技能者であることが認められた者のことをいう。

この制度は、平成８年に専門工事業団体による民間資格としてスタートし、平成20年１月31日の建設業法施行規則改正により、制度として位置づけられることとなったものである。

登録基幹技能者は、現場においては、次の役割を担っている。

（１）現場の状況に応じた施工方法等の提案、調整等

（２）現場の作業を効率的に行うための技能者の適切な配置、作業方法、作業手順等の構成

（３）生産グループ内の技能者に対する施工に係る指示、指導

（４）前工程・後工程に配慮した他の職長との連絡・調整

これらの役割を担う者であることから、登録基幹技能者講習を受講するためには、次の要件を満たしている必要があり、さらに５年ごとの更新による能力担保がなされている。

・当該基幹技能者の職種において、10年以上の実務経験

・実務経験のうち３年以上の職長経験

・実施機関において定めている資格等の保有（１級技能士、施工管理技士等）

建設現場において、高い技能を持つ登録基幹技能者が活躍することにより工事の質の向上、作業効率の改善等が図られることが期待されることから、経営事項審査においても評価の対象とされている。また、平成31年よりスタートした建設キャリアアップシステムにおける最高位の証であるゴールドカードが付与されることにもなっており、今後に高い期待が寄せられている。

深く追求！　登録基幹技能者の主任技術者の要件への認定について

平成30年４月１日より、登録基幹技能者制度のより一層の普及・活用と、できる限り信頼性・専門性の高い公的資格保有者の配置を推進していく観

点から、登録基幹技能者のうち、専門工事に関する実務経験年数が主任技術者と同等以上と認められる資格については、法に規定する主任技術者として認定を行うこととした。施行規則７条の３の改正によって、登録基幹技能者講習を修了した者のうち、許可を受けようとする建設業の種類に応じ、国土交通大臣が認める登録基幹技能者については、主任技術者の要件を満たすものとした。

ただし、登録基幹技能者が主任技術者要件を満たしているか否かについては、講習修了証において、「実務経験を有する建設業の種類について法26条１項に定める主任技術者の要件を満たすと認められる」ことが記載されていることで確認を行う。上記記載がない場合には、主任技術者の要件を満たす基幹技能者としては認められず、当該業種の実務経験もしくは国家資格等を有していることを別途証明する必要がある。

「国土交通大臣が認める登録基幹技能者」は下記に記載した通りである。

【登録基幹技能者講習と主任技術者として認められる建設業の種類について】

登録基幹技能者講習名	建設業の種類
登録電気工事基幹技能者講習	電気工事業、電気通信工事業
登録橋梁基幹技能者講習	鋼構造物工事業、とび・土工工事業
登録造園基幹技能者講習	造園工事業
登録コンクリート圧送基幹技能者講習	とび・土工工事業
登録防水基幹技能者講習	防水工事業
登録トンネル基幹技能者講習	とび・土工工事業
登録建設塗装基幹技能者講習	塗装工事業
登録左官基幹技能者講習	左官工事業

登録機械土工基幹技能者講習	とび・土工工事業
登録海上起重基幹技能者講習	しゅんせつ工事業
登録ＰＣ基幹技能者	とび・土工工事業、鉄筋工事業
登録鉄筋基幹技能者講習	鉄筋工事業
登録圧接基幹技能者講習	鉄筋工事業
登録型枠基幹技能者講習	大工工事業
登録配管基幹技能者講習	管工事業
登録鳶・土工基幹技能者講習	とび・土工工事業
登録切断穿孔基幹技能者講習	とび・土工工事業
登録内装仕上工事基幹技能者講習	内装仕上工事業
登録サッシ・カーテンウォール基幹技能者講習	建具工事業
登録エクステリア基幹技能者	タイル・れんが・ブロック工事業、とび・土工工事業、石工事業
登録建築板金基幹技能者講習	板金工事業、屋根工事業
登録外壁仕上基幹技能者講習	塗装工事業、左官工事業、防水工事業
登録ダクト基幹技能者講習	管工事業
登録保温保冷基幹技能者講習	熱絶縁工事業
登録グラウト基幹技能者講習	とび・土工工事業
登録冷凍空調基幹技能者講習	管工事業
登録運動施設基幹技能者講習	とび・土工工事業、舗装工事業、造園工事業
登録基礎工基幹技能者講習	とび・土工工事業
登録タイル張り基幹技能者講習	タイル・れんが・ブロック工事業
登録標識・路面標示基幹技能者講習	とび・土工工事業、塗装工事業
登録消火設備基幹技能者講習	消防施設工事業
登録建築大工基幹技能者講習	大工工事業

登録硝子工事基幹技能者講習	ガラス工事業
登録 ALC 基幹技能者講習	タイル・れんが・ブロック工事業
登録土木基幹技能者講習	土木・とび・土工工事業

技能労働者と技術者について考える

技能労働者とは、建設工事の直接的な施工を行う、技能を有する労働者である。一方、技術者とは、施工管理を行う者であり、直接的な作業は基本的には行わない。

現場においては、主任技術者及び監理技術者による適正な施工管理と技能労働者による適切な施工が双方不可欠であるが、そもそも現行の建設業法では技能労働者の法的な位置づけは明確になっておらず、また技能労働者の高齢化による人材不足も深刻さを増してきている状況にある。

この状況に鑑み国土交通省は、平成31年度に技能労働者の能力評価制度を導入し、注文者が請負人に高いレベルの技能労働者の配置を要求できる制度を創設する。これには業法の改正が必要だが、これにより技能労働者の法的な位置づけがなされ、体系的な育成方法が確立することが期待されている。

なお、技能労働者の能力評価制度の項目については、後述する建設キャリアアップシステムの就業履歴、保有資格のデータを活用することを予定している。

(10) 現場代理人

現場代理人とは、請負人の代理人として、工事現場において請負人が

【配置技術者と現場代理人の比較について】

	専任を要しない工事（3500万円※1未満）（税込）				専任を要する工事※3（3500万円※1以上）（税込）			
	営業所の専任技術者	主任技術者	監理技術者※2	現場代理人	営業所の専任技術者	主任技術者	監理技術者	現場代理人
営業所の専任技術者		▲1		▲2		×	×	×
主任技術者	▲1			○	×		×	○
監理技術者					×	×		○
現場代理人	▲2	○		▲2	×	○	○	▲2

※1金額については建築一式工事は7000万円に読み替える。
※2この場合、監理技術者の資格保有者であっても配置技術者としては主任技術者となる。
※3改正法による例外あり。

▲1の要件
①当該営業所において請負契約が締結された建設工事
②工事現場の職務に従事しながら実質的に営業所の職務にも従事しうる程度に工事現場と営業所が近接
③当該営業所との間で常時連絡を取りうる体制にある。

▲2の要件
現場代理人は前述の通り、契約の内容により営業所の専任技術者又は二現場以上を兼ねられる場合がある。

なすべき法律行為を請負人に代わって行使する権限を授与された者をいう。

建設業法上は、「請負人は、請負契約の履行に関し工事現場に現場代理人を置く場合においては、当該現場代理人の権限に関する事項及び当該現場代理人の行為についての注文者の請負人に対する意見の申出の方法を、書面により注文者に通知しなければならない。(法19条の２第１項)」とあり、必ず工事現場に配置しなければならないものではない。また、現場代理人の資格、常駐義務等も法令上は定められていない。

ただし、公共工事では現場代理人は請負会社に常勤のもので、現場に常駐しなければならない等、公共発注機関の規則又は請負契約などに詳細に現場代理人の規定が記載されている場合が多い。詳細は第３章を参照されたい。

2◆各種制度における技術者の位置づけ

(1) 経営事項審査制度における技術者の位置づけ

経営事項審査申請とは、国、地方公共団体などが発注する公共工事を直接請け負おうとする場合には、必ず受けなければならない審査である(法27条の23)。公共工事の各発注機関は、競争入札に参加しようとする建設業者についての資格審査を行うこととされている。この資格審査にあたっては、「客観的事項」と「発注者別評価」の審査結果を点数化して順位・格付けが行われる。このうちの「客観的事項」に当たる審査が「経営事項審査」である。

経営事項審査は、経営状況と経営規模等について、数値による評価をして行う。なお経営規模等とは「経営状況」(Y) 以外の客観的事項をいい、具体的には、「経営規模」(X)、「技術力」(Z) 及び「社会性等」(W) から構成されている。国土交通大臣又は都道府県知事は、この「経営規模等」に係る評価 (経営規模等評価) の申請をした建設業者から請求があった場合には、「経営状況」に関する分析 (経営状況分析) の結果に係る数値と経営規模等評価の結果に係る数値を用いて、客観的事項の全体についての評定結果に係る数値を通知しなければならないとされており、この客観的事項全体に係る数値を「総合評定値」(P) という。

「経営状況分析」結果(Y)＋「経営規模等評価」結果(X・Z・W)
＝「総合評定値」(P)

経営事項審査における技術職員[16]とは、主任技術者や監理技術者の資格要件を充足している職員や登録基幹技能者の登録を受けた職員で、経営規模等評価のうち「技術力 (Z)」において加点評価の対象となる

建設業者と経営事項審査の関係

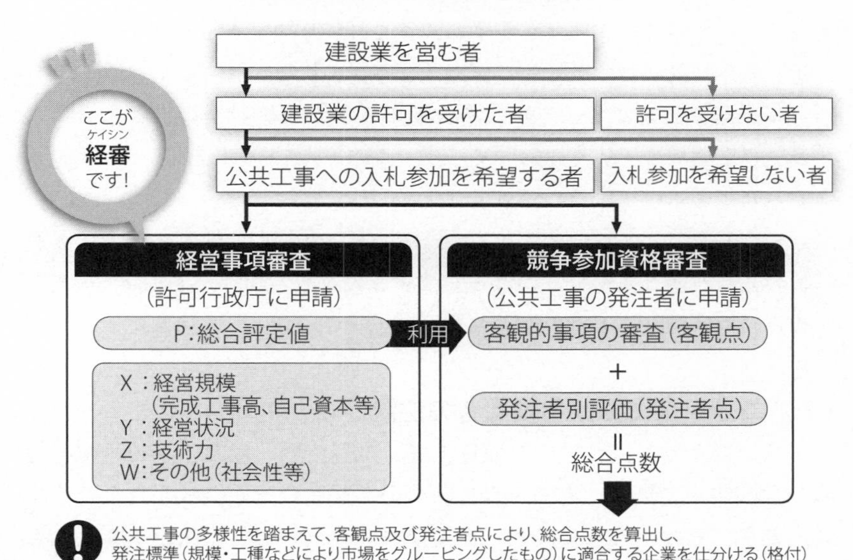

国土交通省関東地方整備局「経営事項審査について」を元に作成
http://www.ktr.mlit.go.jp/kensan/kensan00000013.html

16) 審査基準日の6カ月以上前より、雇用期間を特に限定することなく常時雇用されている技術職員が評価対象となる。

者を指し、若年技術職員とは、技術職員のうち審査基準日（各申請者の決算日）において満35歳未満の者を指す。

Ｚ点は経営事項審査の点数の中で25％を占め、そのうち技術職員の数値は８割を占めるので、経営事項審査において技術者の要素は非常に大きいといえる。また、改正法において、技術職員の評価について新しい基準が設けられた。

経営事項審査で若年技術者及び技術労働者の育成及び確保の状況の新設について

若年の技術者及び技能労働者の育成及び確保は建設業界にとって大事なテーマであるが、経営事項審査においてもこの点を評価して、業者に取り込んでもらうべく、次の２点を平成27年４月より加えることとなった。

① 若年技術職員の継続的な育成及び確保の状況

審査基準日時点で、若年技術職員の人数が技術職員の人数の合計の15％以上の場合、Ｗ点において一律１点の加点

② 新規若年技術職員の育成及び確保の状況

審査基準日から遡って１年以内に新たに技術職員となった若年技術職員の人数が審査基準日における技術職員の人数の合計の１％以上の場合、Ｗ点において一律１点の加点

（２）コリンズにおける技術者の位置づけ

コリンズとは、国、独立行政法人等、都道府県、政令市、市区町村等の公共機関や、鉄道、電気、ガス等の公益民間企業が発注した公共工事の内容を、その工事を受注した企業がコリンズ・テクリスセンターに登録し、その登録された工事内容をコリンズ・テクリスセンターがデータベース化して、発注機関及び受注企業へ情報提供しているものである。

公共工事の発注に当たっては、工事の地域性、特殊性、建設会社の技術力などを総合的に評価する必要があり、このため発注機関は、公平な評価により適切な建設会社を選定し、公共工事の入札・契約手続の透明性、公平性、競争性を一層向上させるためコリンズを活用している。

入札参加資格として、コリンズに登録していることを条件にしている発注機関も増えている。

現在では、それらの公共発注機関の多くが工事請負契約の際、一定金額以上の工事を受注した建設会社に対して、工事実績データをコリンズへ登録することを義務付けている。

その際に、請負金額2500万円以上の工事においては、工期・現場代理人・主任技術者・監理技術者の変更時、並びに竣工時に修正データを提出する必要がある。このことにより、技術者情報も登録することになり、技術者がどの時期にどのような工事に従事しているのかが明らかにされる。

コリンズには、技術者実績確認書発行サービスというものがあり、上記に登録した技術者が従事した工事実績・業務実績を提供してもらうことができる。

◆建設キャリアアップシステム（CCUS）について

（1）制度設計の背景

建設キャリアアップシステム（Construction Career Up System：以下「CCUS」という。）は、将来にわたり建設産業の担い手を確保していく上で、建設技能労働者（以下「技能者」という。）のキャリアアップの道筋を示すこと、技能者が適正な評価と処遇を受けられること、建設現場をより適切・効率的に管理する環境を整備することが求められ[17]ていることから、技能者の技能や経験を蓄積し、技能や経験に応じた適切な評価や処遇の改善、工事の品質の向上や現場の効率化を実現するシステムの構築を目

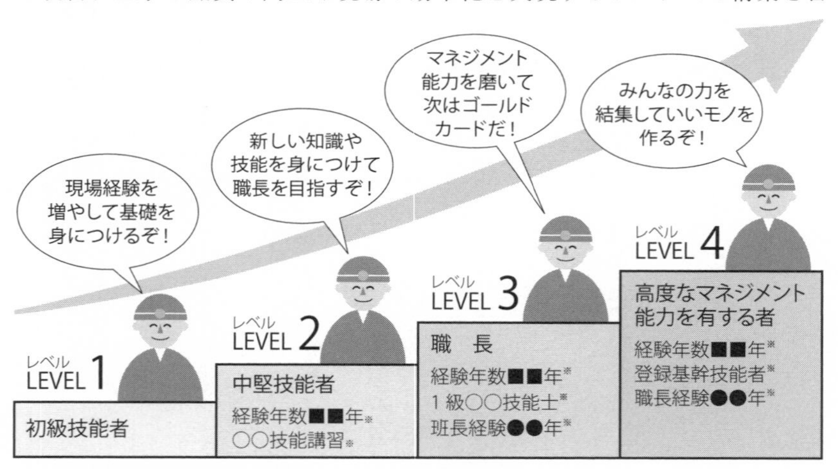

※専門工事業団体等によって職種ごとに能力評価基準が策定され、その中でレベルアップに必要な資格や経験年数等が設定されています。
国土交通省「建設技能者の能力評価制度に関するリーフレット」を元に作成

17)「建設産業政策 2017+10」平成29年７月４日建設産業政策会議１頁。

指すものの手段の一つである[18]。

（２）CCUSの目指す目標と現状

運用開始初年度で技能者登録100万人、５年で全ての技能者（330万人）の登録を当初目標としていたが、登録は伸び悩み、令和２年度において修正の計画が発表されている[19]。

	2019年度	2020年度	2021年度	2022年度	2023年度	2024年度	2025年度	2026年度
技能者登録数（万人）	22万人	50万人	80万人	110万人	130万人	140万人	150万人	150万人
事業者登録数（万社）	4万社	7万社	10万社	13万社	15万社	16万社	16万社	16万社
タッチ数推移（百万タッチ）	1.6	7.2	20	38	60	78	112	120

「当面の登録の計画（低位推計）」建設キャリアアップシステム運営協議会第６回総会資料19頁

登録数が伸び悩んでいる理由としては、登録の必要性についての周知が行き渡らなかったこと、また、登録にかかる項目審査が厳格であったことにより、個別の登録がスムーズに進まなかったことなどが挙げられる。

工事現場での運用については、大手ゼネコンの工事現場を中心に進められており、少しずつ形になりつつあるが、地方や中小の建設工事現場では、まだまだ運用が定着している例は少ない。

CCUSの活用に対する公共工事でのインセンティブも、平成31（2019）年４月からの運用開始にあわせて積極的に取り組んだ地方自治体は少なく、足並みを揃えたスタートではなかったことも登録鈍化の影響となってしまっただろう。

また、令和２年１月から、外国人（特定技能、技能実習）技能者を使用する事業者のCCUS登録は必須となっており[20]、担い手不足の対策とし

18）「建設キャリアアップシステム基本計画書」平成28年４月建設キャリアアップシステムの構築に向けたコンソーシアム２頁。
19）建設キャリアアップシステム運営協議会第６回総会令和２年９月８日。
20）出入国在留管理庁・厚生労働省・国土交通省「特定の職種及び作業に係る技能実習制度運用要領」令和元年８月26日。

ての外国人技能者の増加も見込まれていたところでもあった。本来なら必然的に登録数も進捗したであろうが、同時期の新型コロナウイルスの世界的な蔓延からの出入国の制限がかかり、生活様式も大きく変化してしまい、大幅なブレーキがかかってしまった。

CCUSのスムーズな登録のコツ

実際に建設キャリアアップシステムの登録申請に関与していると、どこが手続の落とし穴になっているか、よく見えてくる。現時点においては、工事現場における登録データの詳細の活用はまだまだ十分にできていない。すると、事業者登録、技能者登録ともに詳細なデータ登録は今のところは不要ともいえる。そのような中、詳細なデータの登録のため確認資料を用意して新規の登録申請をしようとすると、全てのデータについて登録審査での確認作業を要し、不備があれば補正対応となり、登録完了まで余計に時間がかかっているのが現状である。

新規の登録においては、最低限の情報の入力にとどめて、登録の完了を優先し、そのあとに、実際の運用において必要な情報を変更登録の手続きで追加登録していくのが無駄の無い参画の仕方なのかと思う。

また、技能者の登録においては、その個人ごとに持っている情報がバラバラである。そして、このシステムの効果として、技能者本人が集約されたデータを見て、今後のキャリアアップを自身で計画立てられることに意味がある。事業者が技能者本人に代わって代行申請をすることも可能だが、それではなかなか自分での情報管理につながらない。個人の手持ちのスマートフォンでも登録申請ができる環境となっているので、ぜひ自分で情報の登録、管理、そして随時の更新をできるようにすることがお勧めである。みんなで、少しずつシステムに慣れて活用を広げていくのが良いのだろう。

そして、このシステムが成功するかの肝は、技能者が使いやすく、享受できるメリットをいかに可視化できるか、にかかっていると思うので、さらなる利便性向上のシステム開発を期待する。●

建設業の外国人雇用とCCUS

平成31年4月から新設された在留資格「特定技能」により、建設業においても外国人の受け入れ分野として認められるようになった。それにあわせて、事業者・外国人技能者ともにCCUSの登録が求められるようになった[21)]。

特定技能の在留資格が新設される前から運用されている、「技能実習」においても、同様にCCUS登録が必要となっている。

CCUSを活用することで、外国人技能者に対する、客観的基準に基づく技能と経験に応じた賃金支払いの実現や、工事現場ごとの当該外国人の在留資格・安全資格・社会保険加入状況の確認、不法就労の防止等の効果が得られる[22)]。

なお、CCUSの本格的な現場運用がなされた際は、具体的な就労状況が日々記録されることでもあり、招聘時に予定された業務以外の作業を外国人にさせた場合、資格外活動が発覚しやすくなると言える。これは、技術・人文知識・国際業務で招聘した外国人労働者や、他の在留資格で建設工事現場に入る場合にも当てはまることであり、在留資格に則した活動に従事させなければいけないことに、より気を付ける必要があるだろう。●

(3) 今後の計画

当初の計画から大幅に遅れている現状、新型コロナウイルスの影響等によるシステムの運営コストの大幅な増加により、計画の抜本的な見直しが

21) 法務省・国土交通省「特定の分野に係る特定技能外国人受入れに関する運用要領」平成31年3月。
22) 前掲注19) 3頁。

建設分野における受入れ基準の見直しについて

	特定技能(新設した基準) ※2019.4.1より適用	技能実習(下線部:追加する基準案) ※2020.1.1(人数枠の設定は2022.4.1)より適用	外国人建設就労者受入事業(下線部:追加する基準案) ※2020.1.1より適用(「その他」は公布日より適用)
受入企業に関する基準	・外国人受入れに関する計画の認定を受けること ・建設業法第3条の許可を受けていること ・建設キャリアアップシステムに登録していること ・建設業者団体が共同して設立した団体(国土交通大臣の登録が必要)に所属していること 等	・技能実習計画の認定を受けること ・建設業法第3条の許可を受けていること ・建設キャリアアップシステムに登録していること 等	・適正監理計画の認定を受けること ・建設業法第3条の許可を受けていること ・建設キャリアアップシステムに登録していること 等
処遇に関する基準	・1号特定技能外国人に対し、日本人と同等以上の報酬を安定的に支払い、技能習熟に応じて昇給を行うこと ・1号特定技能外国人に対し、雇用契約締結前に、重要事項を書面にて母国語で説明していること ・1号特定技能外国人を建設キャリアアップシステムに登録すること 等	・技能実習生に対し、日本人と同等以上の報酬を安定的に支払うこと ・雇用条件書等について、技能実習生が十分に理解できる言語も併記の上、署名を求めること ・技能実習生を建設キャリアアップシステムに登録すること ※1号実習生は、2号移行時までに登録完了すればよい 等	・外国人建設就労者に対し、日本人と同等以上の報酬を、安定的に支払い、技能習熟に応じて昇給を行うこと ・外国人建設就労者に対し、雇用契約締結前に、重要事項を書面にて母国語で説明していること ・外国人建設就労者を建設キャリアアップシステムに登録すること 等
その他	・1号特定技能外国人(と外国人建設就労者との合計)の数が、常勤職員の数を超えないこと	・技能実習生の数が常勤職員の総数を超えないこと ※優良な実習実施者・監理団体については免除	・(1号特定技能外国人と)外国人建設就労者(との合計)の数が、常勤職員の数を超えないこと

※技能実習・外国人建設就労者受入事業の新基準については、
制度施行日以降に申請される1号技能実習計画・新規の適正監理計画の認定より適用予定。
※外国人建設就労者受入事業による外国人の新規の受入れの期限(2020年度末まで)及び
当該事業による外国人の在留期限(2022年度末まで)については、変更無し。

国土交通省「建設分野における受入れ基準の見直しについて」を元に作成

議決事項：料金改定案

○ 料金体系を改定し、登録料の値上げを抑え、現場利用に重きを置いたものとする
(CCUSへの加入意欲をできるだけ妨げず、公平性に配慮)。併せて、コスト削減の取組みを実施。

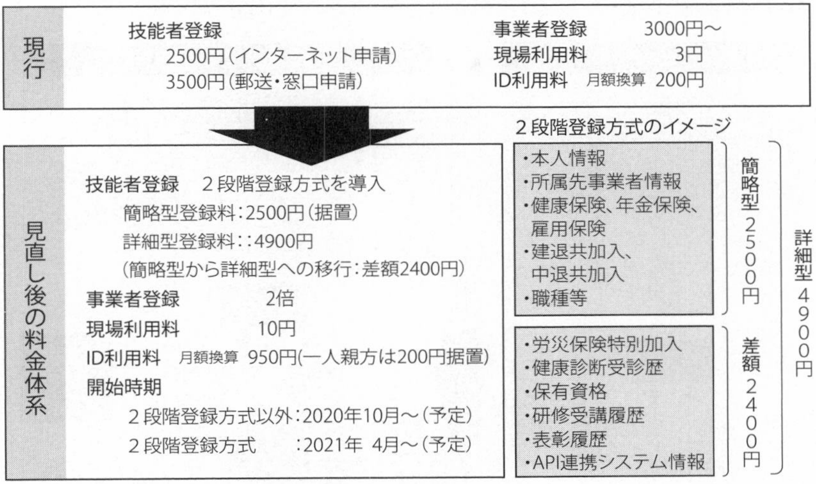

現行

技能者登録
2500円（インターネット申請）
3500円（郵送・窓口申請）

事業者登録　3000円～
現場利用料　3円
ID利用料　月額換算　200円

見直し後の料金体系

技能者登録　２段階登録方式を導入
簡略型登録料：2500円（据置）
詳細型登録料：：4900円
（簡略型から詳細型への移行：差額2400円）
事業者登録　2倍
現場利用料　10円
ID利用料　月額換算　950円(一人親方は200円据置)
開始時期
２段階登録方式以外：2020年10月～（予定）
２段階登録方式　：2021年 4月～（予定）

２段階登録方式のイメージ

・本人情報
・所属先事業者情報
・健康保険、年金保険、雇用保険
・建退共加入、中退共加入
・職種等

簡略型２５００円

・労災保険特別加入
・健康診断受診歴
・保有資格
・研修受講履歴
・表彰履歴
・API連携システム情報

差額２４００円

詳細型４９００円

○ コスト削減の取組み　10年間で現在より70億円削減
・社会保険等審査の簡素化・２段階登録方式導入による、審査合理化
・コールセンター廃止（メール問合わせに特化し、申請者のニーズに正確・確実に対応）
・郵送申請廃止

建設キャリアアップシステム運営協議会第６回総会 ccus 総会資料４頁を元に作成

なされた[23]。

これにより、まず料金改定とコスト削減策が取られることになった。

今後のシステム改修の方針においては、登録の普及促進のための手続簡素化、利便性向上が中心的に議論されている。直近のシステム追加開発としては、技能者のレベルをはじめ、外国人在留資格や在留期間を各種帳票に表示する機能、改正建設業法に対応した作業員名簿の出力、API 連携している民間システムから送信されるデータの必須項目を追加する機能、建

23）前掲注17)。

建退共のCCUS活用への完全移行

令和3年度から、技能者本人自身がCCUSに蓄積した就労履歴データを活用した
電子申請を本格実施し、令和5年度からCCUS 活用に完全移行することで、
対象労働者の就労実績を漏れなく建退共退職金の掛金充当につなげ、透明性も向上させる。

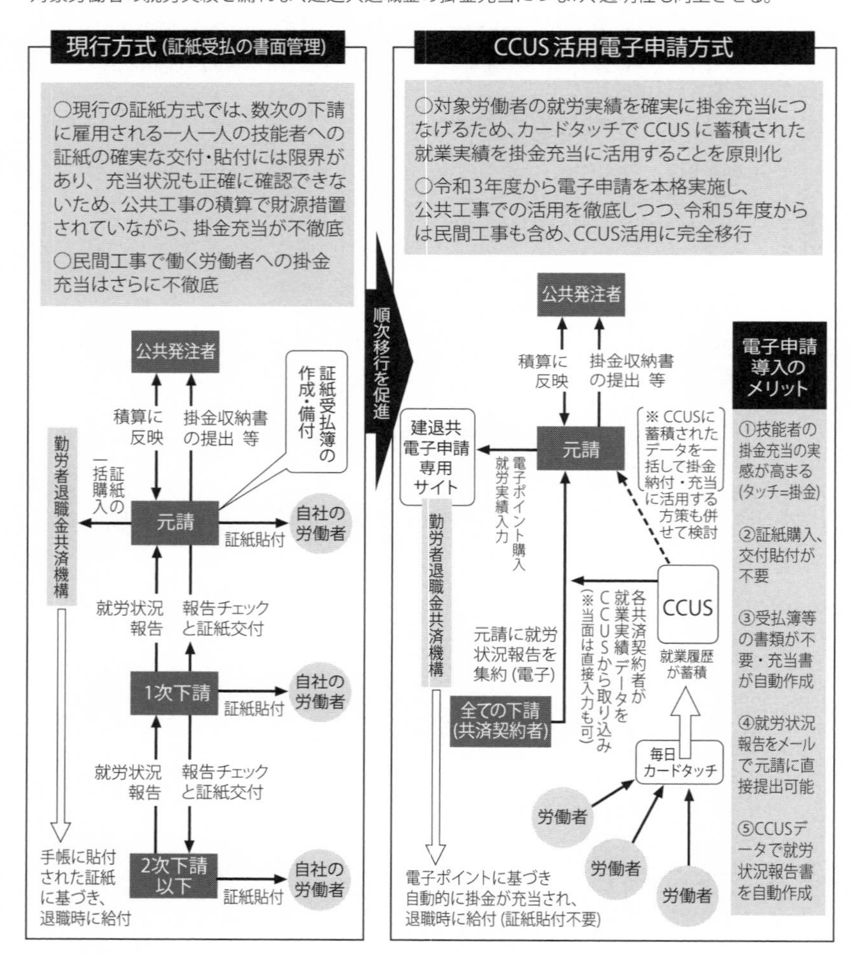

国土交通省「建設キャリアアップシステム普及・活用に向けた官民施策パッケージの推進について」を元に作成

CCUS活用による施工体制台帳・作業員名簿の作成効率化

○ 今後、施工体制台帳への記載事項に作業員に関する情報を追加し、作業員名簿の添付を義務づけ
※公共事業においては、発注者への写しの提出が必要（入契法）

○ 今後、工事着手時に加え、工事の進行に伴い下請企業や作業員に追加・変更があれば、
施工体制台帳や作業員名簿の変更・提出が必要となるが、
CCUSを活用することで、データ作成や現場管理の効率化を図ることが可能

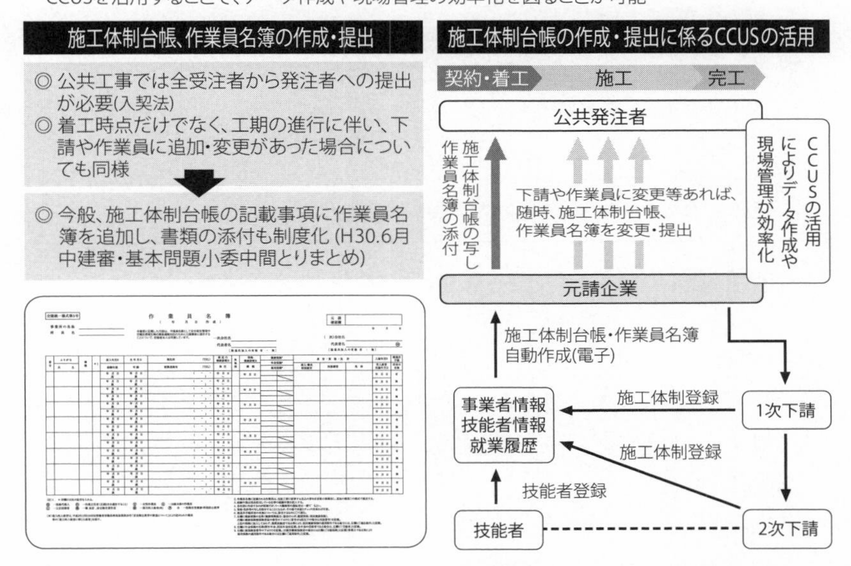

国土交通省「建設キャリアアップシステム普及・活用に向けた官民施策パッケージの推進について」を元に作成

退共システムとの連携などが進められる。

特に建退共においては、現行の証紙受払いの書面管理から、電子申請の方式に切り替えることで、現行の潜在的な問題点の解決も図ろうとしている[24]。

その他、社会保険加入確認のCCUS活用の原則化[25]、改正建設業法施行規則により義務付けられた作業員名簿の作成効率化にCCUSを活用でき

24） 国土交通省「建設キャリアアップシステム普及・活用に向けた官民施策パッケージの推進について」。

25） 第3章　深く追求　社会保険未加入問題とCCUSの活用199頁参照。

建設キャリアアップシステムの利用方法

○ 建設キャリアアップカードをゲットして、経験の蓄積と能力アップを記録しましょう。

①	**建設キャリアアップカードをゲット！** …………………………… インターネット・窓口などで以下の必要情報を登録します。 所属事業者からの代行申請も可能です。 本人情報／職種・保有資格／社会保険加入状況など	インターネット 窓　口
②	**経験を蓄積** …………………………………………………… 審査完了後、建設キャリアアップカードが交付されます。 現場入場の際にカードリーダーにかざしてください。	カード交付 カードリーダーにかざす
③	**技能のアップデート** ……………………………………………… 新しい資格を取得した場合は、随時更新しましょう。	随時更新

国土交通省「建設技能者の能力評価制度に関するリーフレット」を元に作成

るようにする。

各種、紙ベースでの管理を余儀なくされていた作業が、一元データ化されることで、現場管理の強化がなされながらも事務の効率化がCCUSによって可能になるといえる。

（4）具体的なシステム利用方法

建設キャリアアップカードの利用方法のイメージを単純化すると、以下の通りとなる。カード作成後は2と3の繰り返しになる。

技能情報のアップデートには、資格情報等の随時の更新とともに、カードのレベルアップがある。これは、職種ごとにレベルの条件が決められており、現在35職種で能力評価基準が定められている。なお、能力評価は技能者本人では申請できず、就業日数の証明の関係で、現時点においては所属事業者による代行申請のみとなっている[26]。以下の例のように、35職種において同様な基準が定められている。

26）国土交通省「レベル判定システムQ&A」。

また、このレベル分類（レベル３、レベル４）により、経営事項審査の技術職員の保有資格として認められるようになる[27]。

ただし、従前の保有資格に上乗せて加点対象となるわけではなく、例えば１級資格の保有者においては、レベル４の認定があっても経営事項審査における技術職員の評価は変わらない。

電気工事技能者能力評価基準	電気、電気通信
橋梁技能者能力評価基準	とび・土工、鋼構造物
造園技能者能力評価基準	造園
コンクリート圧送技能者能力評価基準	とび・土工
防水施工技能者能力評価基準	防水
トンネル技能者能力評価基準	とび・土工、土木
建設塗装技能者能力評価基準	塗装
左官技能者能力評価基準	左官
機械土工技能者能力評価基準	とび・土工、土木
海上起重技能者能力評価基準	しゅんせつ、土木
PC 技能者能力評価基準	とび・土工、鉄筋、土木
鉄筋技能者能力評価基準	鉄筋
圧接技能者能力評価基準	鉄筋
型枠技能者能力評価基準	大工
配管技能者能力評価基準	管
とび技能者能力評価基準	とび・土工
切断穿孔技能者能力評価基準	とび・土工
内装仕上技能者能力評価基準	内装仕上
サッシ・カーテンウォール技能者能力評価基準	建具
エクステリア技能者能力評価基準	とび・土工、石、タイル・れんが・ブロック
建築板金技能者能力評価基準	屋根、板金
外壁仕上技能者能力評価基準	左官、塗装、防水
ダクト技能者能力評価基準	管
保温保冷技能者能力評価基準	絶縁体
グラウト技能者能力評価基準	とび・土工
冷凍空調技能者能力評価基準	管
運動施設技能者能力評価基準	とび・土工、造園、舗装、土木

27）「経営事項審査の事務取扱いについて（通知）」（平成20年１月31日国総建第269号）。

基礎ぐい工事技能者能力評価基準	とび・土工
タイル張り技能者能力評価基準	タイル・れんが・ブロック
道路標識・路面標示技能者能力評価基準	とび・土工、塗装
消防施設技能者能力評価基準	消防施設
建築大工技能者能力評価基準	大工
硝子工事技能者能力評価基準	ガラス
ALC 技能者能力評価基準	タイル・れんが・ブロック
土工技能者能力評価基準	とび・土工

「経営事項審査の事務取扱いについて（通知）」別紙 2

（5）システムのメリットと解決するべき課題

CCUSの普及にあっては、現在においても紆余曲折が続いているが、当初の予定通りに全技能者がカードを保有することになり、データアクセスに自由度を持たせれば、デジタル化の推進の上でも大きな、有用な可能性を秘めている。ただし、広くデータにアクセスできる環境と個人情報に対するセキュリティ確立は、相反する面もあるため、その調整は引き続き難しい舵取りになると思われる。

当初からの計画より変更が決まり、登録目標も下げられた状況であるが[28]、ひとつの工事現場において、入場する技能者がCCUSに登録している者と登録していない者の混在を想定してシステムは構築されていない。例えば、建退共の電子化連携においても、証紙受払いの現場とCCUSが活用された現場が併存する時に、その技能者が保有する手帳と掛金情報に不整合が生じてしまうだろう。運用においてどちらでも良い、と扱ってしまうと、今まで通りでよい、と考える事業者・技能者が多いと思われる。周知期間、移行期間は確保するべきだが、一斉に切り替えられないと業界全体で得られると想定されたメリットは実現しないのではないだろうか。

また、外国人雇用の面でも触れたが[29]、本格的な普及の際には、工事への従事状況が詳細に記録され可視化される。特に、技能者の配置において

28）前掲注19）。
29）深く追求　建設業の外国人雇用とCCUS181頁参照。

は建設業法上の制限に抵触しないように留意しなければならない。適切な技術者・技能者の配置が必然的に調整されるようなシステムが確立することで、より建設業法の実効性が高まっていくと言える。

イギリスでの事例（CSCSカード）

CCUSに類似のシステムにイギリスにおけるCSCS（Construction Skills Certification Scheme）カードがある[30]。

なお、日本におけるCCUSカードは、このイギリスのシステムを参考に構築されている。イギリスのCSCSの主要な目的は、CCUSと同様と言えるが、1995年の導入から十分な普及がみられる。カードの取得は義務ではないものの、ほとんどの元請業者や主要な住宅建設業者において、工事現場に入る技能者の有効なカード保有を必要としている。

カードは、見習い（apprentice）や研修生（trainee）から、熟練労働者（skilled worker）、専門資格保有者（professionally qualified person）など、10種類以上のカードを揃えている。

現場管理者は、技能者の情報をスマートフォン、タブレットやPCのアプリ（Gosmart）で読み取ることができ、そのカード所有者が現場に適している技能者かを確認できるようになっている。

また、カードの申請にあたっては、テストを受けなければいけない点も興味深い（Health, safety and environment（HS&E）test）。健康や安全、環境意識の基本レベルを問うもので、ほぼ全てのカード申請において必要なものをはじめ、マネージャーや専門家のカード申請で必要となるテストがあり、建設従事者全てにおける共通意識の構築に役立っているといえる。

30）https://www.cscs.uk.com/

第3章

請負契約

1◆工事請負契約とは

（1）工事請負契約の成立と違反

建設工事の請負契約とは、請負人が工事の完成を約し、注文者がそれに対して報酬を支払うことを約すことによって成立するものであり、これは注文者が行政庁であろうと、個人であろうと、建設業者であろうと変わらないところである。

ある者が建設工事の請負契約の当事者として、法律行為の能力者足り得るかどうかの判断は主に民法によるが、建設工事の請負契約の請負人（建設業を営む者）としての適格性については建設業法によって定められている。

法２条により、建設工事の請負人は、すべて建設業を営む者であり、そのうち工事１件の請負代金の額が500万円以上の工事（建築一式工事業に係る工事の場合は1500万円以上の工事又は延べ面積が150m^{2}以上の木造住宅工事）を請け負う場合には建設業法に定める建設業許可を有する建設業者でなければならない。これに違反して無許可で軽微な建設工事でない建設工事を請け負った場合には、法47条に「3年以下の懲役又は300万円以下の罰金」という重い罰則が規定されている。

なお、請負代金請求控訴事件（東京高判昭和51年５月27日）においては、無許可の建設業者の工事請負契約に関して、「法第１条の立法趣旨に照らすと、建設業を無許可で現実になされること自体を行政的立場から取り締まることを直接の目的とするいわゆる取締法規にすぎず、違反行為の私法上の行為までを否定する趣旨と解すべきではない」として、建設工事の請負契約は、無許可の建設業者であっても私法上は成立すると判示している。これは損害賠償請求訴訟などの場合、契約締結の相手側当事者として認め得ることを示したものであって、無許可の建設業者を認めているということではない。また、法47条の罰則は、取締法規として私法上の問題とは関係なく適用される。

◆ 関連判例　無許可建設業者との請負契約の私法上の効力

店舗の内装改修工事における請負代金の額が500万円を超えるものであったと認められる場合には、被告が「軽微な建設工事のみを請け負うことを営業とする者」にあたるということはできず、建設業の許可を受けることなく、本件工事を営業として行ったことは、法３条１項に違反する疑いがある。しかし、（中略）法３条１項に違反して建設工事請負契約を締結し、その施工を行ったことが、直ちに法律上保護された利益を侵害するものとして民法上の不法行為を構成するものとは解されない（東京地判平成27年11月10日）。

つまり、建設工事の請負契約の請負人は、軽微な建設工事を除き、法３条の建設業許可を有する建設業者でなければならないのである。

また、軽微な建設工事を請け負う者に対して建設業法が適用されないのではなく、建設業を営む者として建設業法の適用を受けることになる。その適用を受けるものとしては「建設業者の不正行為等に対する監督処分の基準（令和３年９月30日国不建第273号）」の別紙２「許可を受けないで建設業を営む者に対する指導・監督のガイドライン」に規定されており、①都道府県知事による指示処分及び営業停止処分（法28条２項・

３項)、②利害関係人による都道府県知事に対する措置要求（法30条２項)、③国土交通大臣・都道府県知事による報告徴収・立入検査（法31条)、④公正な請負契約の締結義務・請負契約の書面締結義務等（法18条・19条)、⑤建設工事紛争審査会による紛争解決（法25条等）が該当する。

さらに、建設業者が無許可の「建設業を営む者、営業停止処分を受けた者等と下請契約を締結したときは、原則として７日以上の営業停止処分を行うこととする」旨が「建設業者の不正行為等に対する監督処分の基準（令和３年９月30日国不建第273号)」に規定されており、許可業者が軽微な建設工事でない建設工事を無許可業者に発注した場合には処分の対象となることが明らかにされている。

処分事例

株式会社Ｏは、公共工事において、法３条１項の許可を受けないで建設業を営む者と、軽微な建設工事の範囲を超えて下請契約を締結した。このことが、法28条１項６号に該当することから、平成28年９月22日から10日間の営業停止処分を命じられた。

工事請負契約の成立は、私法上[1]の民民間であれば、建設業法に違反する工事請負契約であっても成立し、契約の相手方となることはできる。しかし、建設業法違反の罰則を免れられるわけではない。

建設業界において建設工事に携わる者であれば、当然ながら建設業法に基づき、書面による工事請負契約を締結し、施工に伴うトラブルを未然に防ぐなどの姿勢が必要であろう。

1）民法632条　※改正無し
（請負）請負は、当事者の一方がある仕事を完成することを約し、相手方がその仕事の結果に対してその報酬を支払うことを約することによって、その効力を生ずる。

（2）外形上工事請負契約と見えない工事請負契約

注文者と請負人との間で、建設工事請負契約でない請負契約を交わした場合において、業務の実質が建設工事の施工に携わらない者である場合は、建設業法の適用対象とはならないが、名目上、委託契約や売買契約を締結していたとしても、契約内容の実質が建設工事の請負とみなされる場合においては、建設業法の適用対象となる。

「『工事施工を行わないことを明示』している場合であっても、業務の実質が建設工事の請負とみなし得るときには、法３条１項の許可が必要」（法令適用事前確認手続回答書平成25年７月12日から引用）

外形上工事請負契約と見えない契約であっても、実質上で判断されるということであり、施工をしないとうたっている場合であっても、契約の形式的な内容での判断ではなく、実質で判断されるのである。

2◆法上の対等な立場と現実の元下関係

（1）下請契約の片務性

下請契約についても請負契約であることに変わりはない。しかし、下請契約に係る注文者が仕事を握っているというような感覚で、下請業者よりも強い権限を持つ“下請負契約の片務性”が以前から問題視されている。これについて法18条では「建設工事の請負契約の当事者は、各々の対等な立場における合意に基づいて公正な契約を締結」と、元請と下請は対等な立場であることを明らかにしているが、この規定には罰則規定はなく、倫理規定としての意味合いしかないため、実行力に乏しいとされている。

2）民法633条　※改正無し
（報酬の支払時期）報酬は、仕事の目的物の引渡しと同時に、支払わなければならない。ただし、物の引渡しを要しないときは、第624条第１項の規定を準用する。

（2）報酬の支払い

建設工事の請負契約における報酬の支払いは、工事完成後の目的物の引渡しと同時に支払わなければならないと民法633条（報酬の支払時期）[2]では規定されている。しかし、一般法である民法を原則とはするものの、特別法の建設業法では別段の定めが置かれている。特に下請契約については法24条の3に「元請負人が注文者から支払を受けた日から1カ月以内で、かつ、できる限り短い期間内に（報酬を）支払わなければならない」とされ、また、元請負人が注文者から前払金を受けた場合には、「下請負人に対して、資材の購入、労働者の募集その他建設工事の着手に必要な費用を前払金として支払うよう適切な配慮をしなければならない」とされている。

本来的には、工事検査完了後速やかに引渡しを受けて報酬を支払うべきであるが、業界の慣習として、元請業者や一次下請業者は締め日を設定し、翌月末日や翌々月末日に支払うとすることも多い。そのため、二次下請業者や三次下請業者は、上からは支払いが遅いのに、現場の職人に給与を、下請の親方に報酬を、先に支払い続けなければならず、工事が進捗していくにつれ、資金繰りに窮するケースも多くある。

できれば、昨今の人手不足により、下請業者が仕事を選べる環境にあるときに、元請業者や一次下請業者と交渉をして、支払いのサイトを短くできるようにしていくことも重要であろう。

少なくとも、元請業者が特定建設業者である場合には、下請業者からの引渡しの申出があった日「から起算して50日を経過する日以前において、かつ、できる限り短い期間内において」支払いをしなければならないことが法24条の5に規定されている。これに違反した元請業者については50日を経過した日から支払いするまでの期間について遅延利息を支払わなければならないことも同条4項に規定されている。遅延利息の率は国土交通省令で定める率とされ、現在は14.6％という利率になっている。なお、現金でなく手形で支払った場合には、50日を経過する日以前に一般の金融機関で割引きを受けることができるものでなくてはならない。

建設工事は数次の下請負によることを前提としているため、工事の完了後引渡しに密着した期間内に報酬が下請業者に支払われるようになり、いずれは、滝が流れるようにスムーズに報酬が元から下まで流れるようになることを期待したい。

（3）社会保険加入義務と法定福利費

令和２年10月の建設業法改正では、法７条１号について「建設業に係る経営業務の管理を適正に行うに足りる能力を有するものとして国土交通省令で定める基準に適合する者であること」とし、さらに省令では「適切な社会保険に加入していること」を経営業務の管理責任として求めることになった。つまり、社会保険の加入が実質的に許可要件となったのである。

これまで国土交通省は、下請企業を中心に社会保険未加入企業が存在している状況を改善していくため、平成24年「社会保険の加入に関する下請指導ガイドライン」を策定し、建設業許可業者に対し社会保険加入を促してきた。その結果、令和元年の調査では社会保険加入業者は３保険（雇用保険・健康保険・厚生年金保険）で98％にまで拡大した。この改正によって許可要件となった今、適切な社会保険加入をしていないと建設業許可は更新できなくなるため、社会保険未加入問題は解決に向け大きく前進するだろう。

ただし、問題点としては、社会保険加入義務に伴う「法定福利費」に関して、請負金額とは別に見積書記載の法定福利費を支払うべきところであるが、一部の建設業者が見積書に法定福利費を計上させるものの、材料費や平米単価を引き下げさせて、下請負業者に対してこれまでの請負金額を変更させないような実質的な値引き要請が行われているようである。これは、「建設業法令遵守ガイドライン（第７版）―元請負人と下請負人の関係に係る留意点―（令和３年７月）」にも「保険料は、建設業者が義務的に負担しなければならない法定福利費であり、建設業法19条の３に規定する『通常必要と認められる原価』に含まれるものである。このため、元請負人及び下請負人は見積時から法定福利費を必要経費として適正に確保する必要がある。」とうたわれているように、法定福利費に相当する金額を材料費等に付け替えるなどして、通常必要と認められる原価を満たさない工事請負契約は、絶対にしてはいけないことである。

また、法20条１項において「建設業者は、建設工事の請負契約を締結するに際して、工事内容に応じ、工事の種別ごとに材料費、労務費その他の経費の内訳を明らかにして、建設工事の見積りを行うよう努めなければならない」と規定されている。これは請負人が発注者に対して適正な請負価格を示すための規定であるが、「社会保険の加入に関する下請指導ガイドライン（令和２年９月30日国不建整第72号）」では、この条文を引用したうえで「下請負人が自ら負担しなければならない法定福利費を適正に見積り、元請負人に提示できるよう、見積条件の提示の際、適正な法定福利費を内訳明示した見積書（特段の理由により、これを作成することが困難な場合にあっては、適正な法定福利費を含んだ見積書）を提出するよう明示しなければならない。加えて、社会保険の加入に必要な法定福利費については、提出された見積書を尊重し、各々の対等な立場における合意に基づいて請負金額に適切に反映すること」として、下請負人が確保すべき法定福利費について、元請負人から法定福利費を内訳明示した見積書を出させるようにするようになっている。なお、法19条の３と法20条に違反した場合には、許可行政庁からの指示又は営業停止処分の対象となることがある。

また、社会保険加入についての問題として、業者の加入率が98％なのに対して、現場の労働者の加入率が89％にとどまっていることがある。建設業許可を継続するために会社単位では加入したものの、労働者については会社側で判断して一部を加入させないようなことが実際にあるという。入社したばかりの者は加入させない、事務員は加入させない、役員だけ加入する、などの違法行為がまだまだ残っているようである。社会保険に正しく加入せず法定福利費を適正に負担しない企業の存在は、若年入職者減少の一因となっているだけでなく、適正な競争環境に水を差すようなことであり、結果、建設業界全体を悪くすることで巡り巡って自分の首を絞めることにつながるのである。

（４）一人親方の社会保険加入義務

建設業界では、技能者が個人事業主（いわゆる一人親方）として現場就労していることは珍しくないことだが、中には、法定福利費等の労働関係諸経費の削減を企図した事業主が、雇用契約と変わらない状況の者を専属下請のようにして一人親方とさせているケースがある。今回の社会保険加入という許可要件改正では、この「偽装一人親方」が増加することが懸念されている。

国土交通省は既に偽装請負の一人親方として従事する技能者も一定数存在するものと認識しており、こうした規制逃れを目的とした偽装一人親方の増加を防ぐため、令和２年６月に「建設業の一人親方問題に関する検討会」を新たに設置した。一人親方の実態を把握し、社員（労働者）か一人親方（個人事業主）かどちらの属性で働いているのか、いず

社会保険加入下請指導ガイドラインにおける適切な保険

所属する事業所		就労形態	雇用保険	医療保険（いずれか加入）	年金保険	「下請指導ガイドライン」における「適切な保険」の範囲
事業所の形態	常用労働者の数					
法人	1人～	常用労働者	雇用保険	・協会けんぽ ・健康保険組合 ・適用除外承認を受けた国民健康保険組合(建設国保等)	厚生年金	3保険
法人	－	役員等	－	・協会けんぽ ・健康保険組合 ・適用除外承認を受けた国民健康保険組合(建設国保等)	厚生年金	医療保険及び年金保険
個人事業主	5人～	常用労働者	雇用保険	・協会けんぽ ・健康保険組合 ・適用除外承認を受けた国民健康保険組合(建設国保等)	厚生年金	3保険
個人事業主	1人～4人	常用労働者	雇用保険	・国民健康保険 ・国民健康保険組合(建設国保等)	国民年金	雇用保険 (医療保険と年金保険については個人で加入)
個人事業主	－	事業主、一人親方	－	・国民健康保険 ・国民健康保険組合(建設国保等)	国民年金	(医療保険と年金保険については個人で加入)

国土交通省「社会保険加入下請指導ガイドラインにおける適切な保険」：第１回 建設業の一人親方問題に関する検討会　資料５　一人親方問題への対応方策５頁より抜粋
https://www.mlit.go.jp/totikensangyo/const/content/001350874.pdf

れが適切な働き方なのかを、働き方の違いや将来の年金給付額が多くなる可能性についてリーフレットを作成するなどして一人親方へ直接周知する取り組みが始まっている。

建設業は常に重層下請構造により契約の片務性とは切っても切れない関係にあることを忘れてはならず、取引上の優位性により注文者側が下請事業者に対し不当な注文をすることが起こりやすいことを肝に銘じておかなければならない。建設工事にたずさわる者全体が建設業界の仲間であることを、全ての建設プレーヤーが理解して、不当な契約に走ることなく、正しい選択をしていってほしいものである。

深く追求！　社会保険未加入問題とCCUSの活用

社会保険未加入問題は、令和２年10月省令改正で経営業務の管理責任の要件の一つに「適切な社会保険加入」が加わったことで、一応の決着を見た。これまで社会保険未加入問題は、建設業界全体で平成24年から時間をかけて取り組んできたものである。

社会保険未加入は、長く建設業界全体の課題とされてきた。総務省「労働力調査」の平成22年時点では、他産業に比較して建設業就業者数は高齢化が著しく進行、55歳以上の就業者が33％を超え、29歳以下の就業者が10％を割り込もうとしていた。このまま放置すれば、次世代への技術承継がされず、将来の建設業を支える人がいなくなってしまう。そもそも、社会保険加入は他の産業では当たり前で、建設業界では特に、けがや病気の際の保障など技能者への処遇改善、法定福利費の適正負担による公平・健全な競争環境の整備のために必要不可欠だったのだ。

次世代育成と業界の維持発展のため、平成24年から、施工体制台帳へ「社会保険加入状況」の記載事項追加、経営事項審査での減点幅拡大、直轄工事での社会保険未加入企業排除、ガイドライン改定による保険加入が確認できない作業員の現場入場拒否と、これまで精力的に取り組んできた。結果として、雇用保険・健康保険・厚生年金の３保険加入業者が84％から98％に増えた。また、総務省「労働力調査」から国土交通省が算出した建設業就業者数では、55歳以上の就業者は34.8％で若干増えたものの、29

歳以下の就業者は平成25年を下限にして増加傾向となり、平成30年度には11.1％と３年連続で11％を超え、落ち込みを回避している。

また、国土交通省は、新たに平成31年４月から本運用となった「建設キャリアアップシステム（CCUS）」を活用し、現場の労働者が適切な社会保険に加入していることを元請企業に確認・指導をさせる取組を強化する。CCUSの技能者登録申請において、社会保険加入の状況は確認書類を提出させられるので、情報の真正性が高いことは言うまでもない。その情報は現場の入退場のときにICカードを利用することで蓄積されるため、確認・指導については効率的かつ迅速に行うことができる。

なお国土交通省は、令和５年ごろまでにCCUSを活用した建退共の電子申請の完全移行、さらに地方公共団体・民間発注の工事でのCCUS完全実施を目指している。Webシステムの活用には高いネットリテラシーも要求されるが、うまくいけば建設業界のあらゆる業務が効率化されてゆくだろう。

3◆契約書への記載事項

（1）書面主義

法19条に「契約の締結に際して次に掲げる事項を書面に記載し、署名又は記名押印をして相互に交付しなければならない。」と定められているが、現実には、すべての建設工事の請負契約において契約書を作成し相互に交付しているかと問われると、書面ではなく電話など口頭での発注だけで建設工事の施工に入ったり、見積書と工事完了後の請求書のやり取りだけで、契約の成立を証明する書類の無いまま実際の建設工事の施工に携わっていたりする事例が後を絶たない。特に、二次下請負業者

「あらゆる工事でのCCUS完全実施」に向けた道筋

活用促進・推奨フェーズ　令和2年度～

原則化フェーズ　令和5年度～

建退共

夏頃
運用通知等改正
10月から
電子申請試行

令和3年度～
CCUS活用電子申請の本格実施
公共工事における掛金充当等に係る
履行強化と経審評価

民間レベルでの掛金充当の徹底
(業界による自主的な取組みを含む)

民間工事も含め、
CCUS活用へ完全移行

作業員名簿

10月からの作業員名簿の義務化に併せて、
労働者の現場入場時の社会保険加入状況の確認におけるCCUS活用を原則化

国直轄発注

CCUS義務化モデル
工事及びCCUS活用推奨
モデル工事を試行
地元業界の理解を踏まえ、
Aランク以外の推奨
モデル工事の検討

令和5年度からの建退共の
CCUS完全移行と連動した
公共・民間工事での
CCUS完全実施に向けて、
段階的に対象工事を拡大

地公体発注

先進県で
総合評価等で加点

先進事例を参考に積極的な
取組みを要請　入契法に
基づく措置状況の公表、要請

民間発注

建退共CCUS完全実施に向けて
積極的な取組みを要請

あらゆる工事
における
CCUS完全実施

国土交通省「建設キャリアアップシステム普及・活用に向けた官民施策パッケージ『あらゆる工事での CCUS 完全実施』に向けた道筋」より抜粋
https://www.mlit.go.jp/totikensangyo/const/content/001344239.pdf

から三次下請負業者との間や、三次下請負業者から四次下請負業者との間など、重層構造の下層での契約において書面が交わされていないケースが目立ち、書面による契約を行わなかった場合や法19条１項の必要記載事項を満たさない契約書面を交付した場合には、建設業法違反となることを理解してもらわなければならない。

　契約書面に記載しなければならない事項は、以下の①～⑯である。

① 工事内容
② 請負代金の額
③ 工事着手の時期及び工事完成の時期
④ 工事を施工しない日又は時間帯の定めをするときは、その内容
⑤ 請負代金の全部又は一部の前金払又は出来形部分に対する支払の定めをするときは、その支払の時期及び方法
⑥ 当事者の一方から設計変更又は工事着手の延期若しくは工事の全部若しくは一部の中止の申出があった場合における工期の変更、請負代金の額の変更又は損害の負担及びそれらの額の算定方法に関する定め
⑦ 天災その他不可抗力による工期の変更又は損害の負担及びその額の算定方法に関する定め
⑧ 価格等（物価統制令（昭和21年勅令第118号）第２条に規定する価格等をいう。）の変動若しくは変更に基づく請負代金の額又は工事内容の変更
⑨ 工事の施工により第三者が損害を受けた場合における賠償金の負担に関する定め
⑩ 注文者が工事に使用する資材を提供し、又は建設機械その他の機械を貸与するときは、その内容及び方法に関する定め
⑪ 注文者が工事の全部又は一部の完成を確認するための検査の時期及び方法並びに引渡しの時期
⑫ 工事完成後における請負代金の支払の時期及び方法
⑬ 工事の目的物の瑕疵を担保すべき責任又は当該責任の履行に関して講ずべき保証保険契約の締結その他の措置に関する定めをするときは、その内容
⑭ 各当事者の履行の遅滞その他債務の不履行の場合における遅延利

息、違約金その他の損害金

⑮　契約に関する紛争の解決方法

⑯　その他国土交通省令で定める事項

また、工事請負契約書による契約ではなく、注文書及び注文請書を交換する方法による契約も可能ではあるが、その場合には、必ず基本契約書に前段⑤～⑮の事項を記載したものに署名又は記名押印をして相互に取り交わしておかなければならない。

基本契約書の取り交わしに代えて、注文書及び注文請書に契約約款を添付する方法もある。しかし、国土交通省に設置されている中央建設業審議会決定による「建設工事標準下請契約約款」は元請業者と一次下請事業者との間の約款であり、一次下請業者から二次下請業者への発注の場合や二次下請業者から三次下請業者への発注の場合の内容とは大きく異なるものである。下請業者間の注文書及び注文請書に契約約款を添付する場合には、専門家に作成してもらった契約約款を使用することを推奨する。

以上のように、契約の締結に際し、建設業法が契約内容を書面に記載し相互に交付すべきことを求めているのは、請負契約の明確性及び正確性を担保し、紛争の発生を防止するためであり、あらかじめ契約の内容を書面により明確にしておくことは、いわゆる請負契約の「片務性」の改善へとつながることでもある。

法の要請に従い、契約約款について、中央建設業審議会では「公共工事標準請負契約約款」、「民間建設工事標準請負契約約款（甲）」、「民間建設工事標準請負契約約款（乙）」、「建設工事標準下請契約約款」の4種類を作成し公表している。民間でも民間（旧四会）連合協定工事請負契約約款委員会が「建築工事請負契約約款」、「小規模建築物・設計施工一括用　工事請負等契約約款」、「リフォーム工事請負契約約款」、「マンション修繕工事請負契約約款」の４種類を作成し、委員会を構成している７団体[3]が販売している。また、本書では、249頁以降に、建設工事一次下請・二次下請間の工事契約書、請負契約約款、注文書・請書のサンプルを記載することとした。

なお、建設業許可に「解体工事」が業種として新設されたことは記憶に新しいが、建設工事において、その内容が一定規模以上[4]の解体工事等の場合は、契約書面にさらに以下の事項の記載が必要なので、留意しておかなければならない。

① 分別解体等の方法
② 解体工事に要する費用
③ 再資源化等をするための施設の名称及び所在地
④ 再資源化等に要する費用

（２）「適切な工期」を目指す省庁の取組み

平成29年６月、他省庁と合同で「建設業の働き方改革に関する関係省庁連絡会議」が設置され、同年８月には「建設工事における適正な工期設定等のためのガイドライン」が策定されている。このガイドラインは政府の働き方改革関連法により、建設業が罰則付き上限規制を適用されることとなったため、平成30年に改訂もされている。

さらに、令和２年10月の建設業法改正で、法19条の５に「注文者は、その注文した建設工事を施工するために通常必要と認められる期間に比して著しく短い期間を工期とする請負契約を締結してはならない」とし、適正な工期設定について法律上明文化された。法28条の監督処分も適用され、工期に関する行政の規制は強まっている。

この「著しく短い工期」を判断にするにあたっては「工期に関する基準」を定める必要があった。国土交通省では「工期に関する基準の作成

3）一般社団法人日本建築学会、一般社団法人日本建築協会、公益社団法人日本建築家協会、一般社団法人全国建設業協会、一般社団法人日本建設業連合会、公益社団法人日本建築士会連合会、一般社団法人日本建築士事務所協会連合会
4）「一定規模以上」とは、（ア）建築物に係る解体工事…当該建築物（当該解体工事に係る部分に限る。）の床面積の合計が80㎡以上、（イ）建築物に係る新築又は増築の工事…当該建築物（増築の工事にあっては、当該工事に係る部分に限る。）の床面積の合計が500m^2以上、（ウ）

に関するワーキンググループ」を中央建設業審議会の下に設置し、「具体的な内容については、実務の状況を踏まえながら有識者や実務関係者を交え議論する必要がある」というワーキンググループの意見を受け、実務に携わる各分野の団体から工期についてのヒアリングがおこなわれ、工期設定の事例も多く記載されることとなった。また工期の設定においては天候や労働基準法だけでなく、業種に応じた工事特性についても言及されているため、今後は「工期に関する基準（令和２年７月20日中央建設業審議会決定)」を理解し適正な工期設定に努めていく必要がある。

新国立競技場建築工事で23歳の現場監督が亡くなった事件では、亡くなる直前一か月の時間外労働は200時間を超えていたという。

働き方改革の最初の一歩は「長時間労働の是正」にあると言える。人手不足の問題との兼ね合いもあるが、工期の適正化を目指して、発注者と受注者双方が働き方について意識を変えていく必要があるだろう。

適切な工期とは

工期についての建設業者同士のトラブルは、紛争審査会や裁判上又は裁判外での解決を図ることができ、ほとんどの場合、最終的に金銭的なやり取りで決着が図られる。トラブルの中でも特に工期設定で取り返しのつかないケースがあることを忘れてはならず、建設業界にいる一人ひとりが真摯に受け止めて、今後に生かしていかなければならない。

工期設定の際に、あらかじめ天候不良などを計算に入れた工期が予定されているのであれば良いが、近年では、建築工作物の最終工事完了日が先に決められており、相当無理なスケジュールで工期が組まれている場合がある。

例えば、国立競技場の建築工事において、地盤改良工事の現場監督を担

建築物に係る新築工事等（上記イを除く）…その請負代金の額が１億円以上、（エ）建築物以外のものに係る解体工事又は新築工事等…その請負代金の額が500万円以上のことをいう（建設工事に係る資材の再資源化等に関する法律施行令２条参照）。

また、解体工事又は新築工事等を二以上の契約に分割して請け負う場合においては、これを一の契約で請け負ったものとみなして、上記に規定する基準が適用される。ただし、正当な理由に基づいて契約を分割したときは、この限りでない（同条２項参照）。

当していた23歳の若者が平成29年に亡くなった件は、完成日が先に決まっていて、工事着手が１年以上遅れた影響で過密な工程で工期が設定され、その作業工程を順守させるために２人分の仕事量を任せられていたようだ。必要な人員配置ができなかった企業側に責任はあるが、過密日程で杭打ち機を追加しなければならないような状況で、元請事業者と当該一次下請事業者との間で請負代金額の変更に関する話し合いがあったのかどうか、もう一人現場監督を置く余裕は無かったのかなど、再発防止のためには、これらの視点からの検証が必要であろう。

人手不足を言い訳にせず、工期が短いのならば人員の増員は不可欠で、適切な工期についてしっかりとした対処をそれぞれの企業がしていかなければならないことを、建設業界全体で考えていかなければならない。

同じ杭打ち工事[5)]では、横浜市のマンションにおいて日程を優先させるあまり、多数の杭が支持層に届いていない状態で上にマンションを建て、当然の結果として、傾いた事例もある。このマンションは全戸で800戸ほどであったが、建て直しを余儀なくされている。

工期設定には、単純な計算だけでなく、特に土木工事の分野では、地質、湧水など自然環境を相手にしなければならないこともあるので、余裕を持った工期設定をするか、工期変更を是認できる状況を作るなどの対応が必要となる。

建設業界全体で、工期設定によって、不測の事態が起こりうることを忘れてはならない。 ●

5）杭打ち工事は重量物となる建築工作物を支えるために重要な工事で、建築工事のほぼスタートといえる工事である。杭打ち工事が終わらないとコンクリート基礎工事に入れないため、杭打ち工事の工期延長は他のすべての工事に影響を与えてしまう。

4◆契約書の無い工事の違法性とみなし契約

（1）契約書の無い工事の違法性

建設工事に際し、書面による契約を行わなかった場合や法19条１項の必要記載事項を満たさない契約書面を交付した場合には建設業法違反となる。

なお、元請負人からの指示に従い下請負人が書面による請負契約の締結前に工事に着手し、工事の施工途中又は工事完了後に契約書面を相互に交付した場合であっても建設業法違反となる。

追加工事等に伴う追加・変更契約においては、下請工事に関し追加工事又は変更工事が発生したが、元請負人が書面による変更契約を行わなかった場合や下請工事に係る追加工事等について、工事着手後又は工事完了後に書面により契約変更を行った場合は同様に建設業法違反となる。

法令やガイドラインにより、これほどまでに契約書にこだわるのは、工期設定や支払時期や支払方法について請負事業者間のトラブルが絶えないからである。

請負事業者間のトラブルについては建設業紛争審査会などの機関があり、事業者の申出により、建設工事の請負契約に関する紛争の解決が図られるのだが、その機関の詳細はここでは割愛する。

一部の建設業者間では契約書など交わさない請負契約が信用の証であるというような誤った認識もあり、いまだに下請業者に対して古い徒弟制度の弟子のような扱いをしているようなところもある。紛争を未然に防ぐ、予防法務という分野の考えを持ち出すまでもなく、契約書の存在がトラブルを未然に防ぐのは当たり前のことである。どんなに小さい工事であろうと、書面での契約締結をするように、建設業に従事する一人ひとりに伝えていかなければならないし、契約書面のない工事請負は建設業法違反であることも併せて伝えなければならない。

（2）みなし契約

契約書の無い工事の施工に着手した場合、若しくは完了した場合において、建設業法上ではどのように取り扱うかについては、法24条に「いかなる名義をもつてするかを問わず、報酬を得て建設工事の完成を目的として締結する契約は、建設工事の請負契約」とみなす旨が規定されており、別の名目の契約であろうと、契約書が無いケースであろうと、建設業法を適用させることが規定されている。

建設工事の請負契約の適正化を図ることは法１条にも規定されている大きな目的の一つであるため、脱法的な又は違法な委任契約や雇用契約などと名目を変えての契約も、無名契約も、契約書面の無い契約も、実質が工事請負契約に該当する場合には建設業法が適用になる。

5◆契約変更

（1）契約内容の変更

造成工事の際に地下埋設物が出てきたり、空調配管工事で図面には何も無いのにコンクリート構造物があって迂回をしなければならなかったりするなどのときには、追加工事をしなければならない。こうした追加工事が発生したり、当初の予定通りに工事が進捗せずに変更が必要になったりした際には、どのようにしなければならないのだろうか。

法19条２項では「請負契約の当事者は、請負契約の内容で前項に掲げる事項に該当するものを変更するときは、その変更の内容を書面に記載し、署名又は記名押印をして相互に交付しなければならない」としており、当初の請負契約書に記載された事項を変更するときは、当初契約を締結した際と同様に、追加工事の着工前にその変更の内容を書面に記載し、署名又は記名押印して相互に交付しなければならないこととなっている。

建設工事紛争審査会に持ち込まれる事例は、そのほとんどが瑕疵担保責任（改正民法によるいわゆる契約不適合責任）の問題か契約変更があったときの請負代金額に関するトラブルである。工事変更の内容が口約束で金額や工期の取り決めをあいまいにしては、後日問題になるのは当たり前である。

また、実際に施工してみなければ内容が確定できないような工事も現場の状況によってはあり得る。このようなときには、数量で表現できるものについては追加工事部分の一つの単価を事前に決めて、工事完了後に全体数量で計算するようにすることが望ましい。

「建設業法令遵守ガイドライン」においても、追加工事等の内容が直ちに確定できない場合、追加工事等の着工前に次の事項を記載した書面を、元請負人は下請負人と取り交わすことが記載されている。①下請負人に追加工事等として施工を依頼する工事の具体的な作業内容、②当該追加工事等が契約変更の対象となること及び契約変更等を行う時期、③追加工事等に係る契約単価の額である。

新たに法19条の５で「著しく短い工期」の禁止が法定されたため、工期変更が必要であるにもかかわらず工期を延長しなかった場合には法違反を問われる可能性がある。

工期は、契約変更や追加工事が決まった際に、直ちに確定できない場合も考えられるが、「建設業法令遵守ガイドライン（第７版）―元請負人と下請負人の関係に係る留意点―（令和３年７月）」では「工期の変更が契約変更等の対象となること及び契約変更等を行う時期を記載した書面を、工期を変更する必要があると認めた時点で下請負人と取り交わすこととし、契約変更等の手続については、変更後の工期が確定した時点で遅滞なく行うものとする」とあり、一定程度の変更予定を踏まえて契約変更することや、追加工事の着工前に契約書面を取り交わすことが重要である。なお、工期設定においては、長時間労働とならないよう配慮することや、工程の遅れの原因について分析することも必要である。今後、工程に遅れを生じさせるような事象等について、受発注者間の協議が欠かせなくなるだろう。

いずれにせよ、追加工事着工前に契約書面を取り交わさなければならない。例外的に、災害で倒木の撤去が必要であるなど災害時等で止むを得ない場合には、口約束でやらなければならないことはあるが、通常の工事の場合には、「事前に書面で」契約を取り交わすようにしなければならない。

契約書作成は行政書士の仕事です

行政書士の職務の一つに「権利義務に関する書類の作成」がある。工事請負契約書の作成は、まさに建設業許可、経審制度、入札業者登録などの手続を含め建設産業に精通した行政書士にとっては、うってつけの仕事である。

建設業法が契約書を事前・書面主義で規定しており、かつ、変更契約を予定していることは、建設業が一品一品ごとの単品受注生産であることの証左である。章末の契約書、契約約款を参照し、顧客建設企業からの契約書作成依頼に対して、しっかりと対応していただきたい。

また、建設業許可上の工事経歴書作成の際に顧客建設企業から預かって確認した書類が契約書や注文書ではない書類、例えば、請求書であった場合には、当該顧客建設企業に対し、法条文から契約書締結義務について説明をしていく必要がある。

重層構造の下位の工事業者であっても、許可が無い建設業を営む者であっても、契約書締結義務はある。コンプライアンスの観点からもわれわれ行政書士が建設業者に対してルールをしっかりと伝えていくことも一つの責務である。

また契約書面については、電子情報処理組織を使用する方法、その他の情報通信の技術を利用する方法もとることが可能である。これらの方法により、印紙税を節約できるほか、実際に紙の書面をやり取りすることなく、電子上での契約も可能である。ＩＴ化の推進により、今後電子商取引が増加していくことを考えれば、この分野の情報を知っていくことも当然必要になる。

●

（２）下請負人の変更請求について

法23条には、「注文者は、請負人に対して、建設工事の施工につき著しく不適当と認められる下請負人があるときは、その変更を請求することができる。ただし、あらかじめ注文者の書面による承諾を得て選定した下請負人については、この限りでない。」と規定されている。

この条文により、注文者は、現場で施工する専門業者が問題のある人物（例えば、現場でタバコを吸う、大声で怒鳴りあうなど）を雇用しているときに、元請負人に対してその変更を請求できるように思えるが、法23条は、「建設工事の施工につき著しく不適当」とされているため、下請負人が建設工事を施工していない場合や建設工事の進捗を妨げるような行為を行う場合など建設工事の施工に関係することでなければ変更請求できない。本人の品行を理由に変更請求をする権利は建設業法上に記載が無い。ただし、注文者が元請負人に対して品行不良の職人を変えてくれと言う権利は通常有していると思われる。

6 ◆ 現場代理人と監督員

（1）現場代理人

建設業法上では、各工事現場について請負人が責任を持つための人員を定めている。一つは、現場代理人であり、その職務としては、請負契約の履行に関して、工事現場の取締りのほか、請負人の代理人として工事の施工及び契約関係事務に関する一切の事項を処理する役目がある。

ただし、契約の解除など重要な契約の変更は権限の範囲外であるし、請負代金の受け取りも否定されている。また、工事施工に伴う技術的な判断については、別に主任技術者又は監理技術者が行うこととなっている。主に、施工に関する注文者との連絡や意見調整と現場の保安などが職務内容となるであろう。

法19条の２第１項には、請負人は「現場に現場代理人を置く場合においては、当該現場代理人の権限に関する事項及び当該現場代理人の行為についての注文者の請負人に対する意見の申出の方法」を注文者に書面で通知しなければならない旨を定めている。

これは、現場代理人が誰か、現場代理人の権限は何かについて注文者に伝えることにより、注文者と請負人との意思疎通を図り、後日の紛争を防ぐ役割がある。

現場代理人の現場への常駐については、原則的には常駐（現場の作業期間中は特別の理由がある場合を除き常に工事現場に滞在していること）が求められるものの、法令で常駐を義務付けるものは無く、通信手段の発達した現在では、注文者によっては常駐を求めていないところもある。公共工事標準請負契約約款においても、「発注者は、現場代理人の工事現場における運営、取締り及び権限の行使に支障がなく、かつ、発注者との連絡体制が確保されると認めた場合には、現場代理人について工事現場における常駐を要しないこととすることができる。」とされている。法令で現場専任を求められる主任技術者及び監理技術者とは異なる部分である。

また、現場代理人は主任技術者及び監理技術者を兼任できる。

なお、現場代理人の氏名及び法19条の２に規定されている事項は、施工体制台帳及び再下請負通知書の記載事項にもなっており、公共工事標準請負契約約款により設置が求められているので、公共工事においては必須と考えてよい。

（2）監督員

設計図書等に従って工事が施工されているかどうかを注文者が確認するために、注文者の代理人として、監督員を選任することができる。

法19条の２第２項では、注文者は「監督員を置く場合においては、当該監督員の権限に関する事項及び当該監督員の行為についての請負人の注文者に対する意見の申出の方法」を請負人に書面で通知しなければならない旨を定めている。

建設工事は工事完成後に瑕疵を発見することは難しく、施工の段階で材料の調合や見本検査等に立ち会うことにより、品質を確保するために監督員という役目がある。

なお、公共工事に関しては会計法29条の11の規定により「契約担当官等は、工事又は製造その他についての請負契約を締結した場合においては、政令の定めるところにより、自ら又は補助者に命じて、契約の適正な履行を確保するため必要な監督をしなければならない」ことが定められており、監督員の設置が必須ともいえる。

ただし、当然ながら監督員は適正な施工の確保が目的なので、常に現場に滞在するという常駐は不要である。

主に、施工計画書の受理、指定材料の確認、必要な工事立会い、施工段階別の施工状況確認、工程把握と工事促進の指示、臨機の対応と承認などが職務内容として挙げられる。

なお、工事完成後の検査を行う検査官とは職務が異なり、原則として監督員と検査官は別人が行うこととなっている。

現場にいる方たち

当たり前だが、注文者側の監督員（監督職員・現場技術員・現場監督員等と呼ばれることもある）と現場監督とは全く別である。

それぞれの地域でかなり差があるようだが、現場にはどのような方が働いているのか、法令上と実際の職場でいわれている役職などの一部を挙げてみた。

現場代理人	建築士・設計士	安全衛生責任者
主任技術者	測量士	安全衛生推進者
監理技術者	警備員・誘導員	安全管理者
専門技術者	材料屋	雇用管理責任者
現場監督	産廃業者	店社安全衛生管理者
施工管理者	運転手	統括安全衛生責任者
現場所長	オペレーター	元方安全衛生責任者
工事長	職長	作業主任者
作業長	職人	作業環境測定士
技術者	職方	作業指揮者

作業員	親方	
	世話役	

現場で使われている物の中には、本来の名称と呼び名が全く違うものがいくつかある。一番有名なのが「ネコ」である。もし、現場で「ネコ持って来い！」と言われたら何を持っていくのが正解だろう。

現場の「ネコ」とは、一般的には一輪車や手押し車と呼ばれている土やセメントなどの材料を運ぶ後部に押さえの付いている車のことで、なぜ「ネコ」と呼ぶようになったかは諸説あり、ひっくり返したときのフォルムがネコが背中を丸めた様子に似ているからそのようになったという説もある。●

（3）主任技術者及び監理技術者

工事現場について請負人が責任を持つための人員として、重要なのが主任技術者及び監理技術者である。その配置要件や技術資格についてはすでに本書第2章にて解説したが、ここでは、専任性について補足確認的に記載する。

主任技術者については、東日本大震災の復旧工事の際に現場の技術者不足に対応する形で専任制の要件を緩和した。現在、現場の相互の間隔が10km程度であることを条件として2件程度の工事を兼務することが認められている（第2章147頁参照）。

監理技術者については、原則として請負代金の額が3500万円（建築一式の場合には7000万円）以上の工事は専任を求めており、複数の現場を兼務することは認めていない。しかし、令和2年10月からは、専任義務について、監理技術者補佐（主任技術者の要件を満たし、2021年度に再

6）「監理技術者制度運用マニュアル」（令和2年9月30日国不建130号）。

編される技術検定の１級第１次検定に合格した「１級技士補」の有資格者を充てることができる）を各現場に専任で配置すれば、監理技術者が２つの現場を兼務できるようになった。ただし、監理技術者が２つの現場を兼務する場合の専任緩和の条件として、現場の巡回や主要な会議への出席、主な工程への立ち合いが確実に実施できる範囲などとするほか、監理技術者補佐との職務分担などを発注者に事前に説明することも求めるようになる。それらの詳細は、改正された「監理技術者制度運用マニュアル6)」をよく確認していただきたい。

なお、下記の判例の通り、主任技術者又は監理技術者がその職務内容における過誤が直ちに不法行為を形成するとはされていないが、職務怠慢や専任義務違反が私法上の不法行為となる場合もあるので、工事の施工を技術上の管理をする役職である配置技術者は、責任も重いということを認識してもらわなければならない。

◆ 関連判例　監理技術者について不法行為法上の注意義務を認めなかった事例

監理技術者を工事現場に置かなければならないという建設業法等の法令上の義務は、公益上の目的から規定されているものと解され、不法行為法上の注意義務を直接に基礎付けるものとは解されないから、これにより直ちに被告に上記のような注意義務が生じると認めることはできない。個々の作業について過誤がないように点検すべき注意義務は、関係法令のほか、元請け、下請け、孫請け等の関係業者間で、請負契約、慣習、慣行などから、当該作業に関する役割分担や指揮命令系統が具体的にどのように定められていたか（定められるべきものか）によってその存否が判断されるべきものと考えられ、その注意義務違反があったといえるためには、そのようにして判断される注意義務の水準に照らして、当該過誤が認識可能なものであることが前提となるというべきである（東京地判平成20年10月10日）。

工事監理と施工管理と監理技術者

まぎらわしい単語は多くあるが、この監理（管理）についてもよく誤解される。

法23条の２には「工事監理」という言葉が出てくる。この条文自体が、実は、建築士法２条や18条からの要請で入ったもので、建築士法及び建築

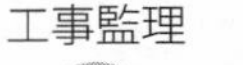

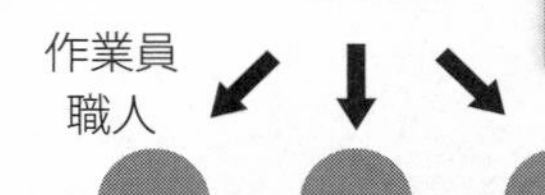

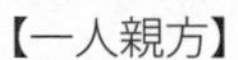

基準法に「工事監理」が定められている。つまり、「工事監理」とは、「その者の責任において、工事を設計図書と照合し、それが設計図書の通りに実施されているかいないかを確認すること」であり、建築士の独占業でもある。

要は、設計図書の通りに工事が行われているかを確認し、欠陥の発生を未然に防ぐ重要な役割を担っているのが「工事監理」であり、一定の建築工事には、設計をした建築士がそのまま工事監理の職務に就く。建築確認申請書類には「工事監理者」の氏名欄があり、建築基準法においては、一定の建築物の工事をする場合、工事監理者を定めることは建築主の義務となっており、これらの規定に違反した工事はすることができない。法23条の２において、建設業者が設計図書の通りに施工できないようなときは、注文者に報告を義務付けて、設計変更などの方向に進んでいく。

では、「施工管理」とは何だろうか。「施工管理」とは、施工計画の策定、予算（原価）管理、工程管理、品質管理、安全管理、下請業者の指導監督が主なもので、建設業の現場における工期順守のための工事進捗の状況確認や実行予算の管理、働く人たちの安全の確保などの職務を遂行しなければならない。一定以上規模の工事では施工管理技士有資格者がこの職務に就く。建設業法上の主任技術者・監理技術者が該当する。労働安全衛生法における統括安全衛生責任者や元方安全衛生管理者という職務を兼任する場合も多くある。

ややこしいのは、施工管理という職務があり、その国家資格として施工管理技士資格があり、指定建設業の場合、原則として一級の施工管理技士が就任できる下請発注総額4000万円（建築一式工事の場合は6000万円）以上の元請工事現場の配置技術者を「監理技術者」と定めていることである。

7 ◆ 不当な契約

（1）建設業の片務性と不当な契約

建設工事請負契約はおのずから片務性があるため、注文者が取引上優位な地位にあり、その地位の不当利用により、請負人に不利益な内容で工事請負契約を取り交わすことがある。

建設業法上では、不適当な行為として、元請負人と下請負人の双方の義務であるべきところを下請負人に一方的に義務を課すものや、元請負人の裁量の範囲が大きく下請負人に過大な負担を課す内容などが挙げられる。これらの片務的な契約に基づく請負代金については、場合によっては法19条の３により禁止される「不当に低い請負代金」として捉えられる可能性もある。

また、発注者と元請負人の関係において、例えば、発注者が元請負人から要望する契約変更に応じないことを理由として、下請負人の責めに帰すべき理由がないにもかかわらず、下請負人に追加工事等の費用を負担させることは、元請負人としての責任を果たしているとはいえない。元請負人は発注者に対して発注者が契約変更等、適切な対応をとるよう働きかけを行うことが求められている。

建設業界では、専門工事を下請負事業者が施工するという下請構造に伴い、発注者が力関係において上位に立つという片務性を常に抱えている。いわゆる使用者と労働者との労使関係に近い関係であると言えなくもない。ただ、使用者と労働者との契約関係については労働基準法のほか労働契約法などで不当な契約を否定し、重い罰則も付けているうえに、労働基準監督署による監督もある。これに対し、建設業の元下関係には私的独占に該当するような場合を除き罰則の規定は無い。罰則も無ければ監督権限を個別に処理できるような機関も設置されていない。元請事業者も下請事業者も同じ建設業のプレーヤーであり、仲間であるとはいえ、罰則や監督機関無しに片務性を無くしていくことは難しく、行政側も民間の信頼性にまかせるだけでなく、監督権限をより行使できるような仕組みづくりが望まれるところである。

◆ 関連判例　請負代金の減額が法19条の３にあたらないとされた事例

元請と下請の間で合意された本件工事の代金額は、当初１億8800万円で合意された後、１億4500万円に減額されている。しかし、建設業法19条の３で禁止されるのは、「注文者が、自己の取引上の地位を不当に利用して、その注文した建設工事を施工するために通常必要と認められる原価に満たない金額を請負代金の額とする請負契約」を締結することであるところ、施主を含めて後日合意された本件工事の代金額は、下請の原価である１億4000万円に下請の経費として500万円を加算した金額であるから、直ちに、上記金額が「その注文した建設工事を施工するために通常必要と認められる原価に満たない金額」であるとまでは認められない。更に、当該合意に至った経緯として、元請及び下請において、施主を納得させる内容の見積書や施工図を提出できなかったことに加えて、当時、施主について、本件工事の工場に新たに設置する製造機についてのリース会社の審査が通らず、製造会社が製造機の製造を中止する事態となり、施主の資金繰りも危ぶまれる状態になっていたため、施主の了解を得られる金額で、早急に支払を受ける必要があったことが認められ、これらの事情を考慮すれば、元請が下請に対し、取引上の地位を不当に利用して本件工事を施工するために通常必要と認められる原価に満たない金額を請負代金の額として本件工事に係る契約を締結したものともいえず、当該合意が、建設業法19条の３に違反するとは認められない。（平成26年11月25日東京地方裁判所判決）

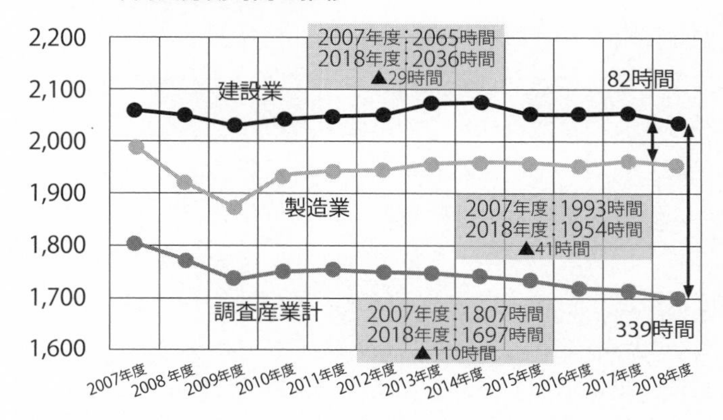

厚生労働省「毎月勤労統計調査」年度報より国土交通省作成のものを元に作成
https://www.mlit.go.jp/tec/content/001368314.pdf

（2）著しく短い工期の禁止

令和２年10月施行で新たに法19条の５[7)]（著しく短い工期の禁止）、法20条の２（工期等に影響を及ぼす事象に関する情報の提供）が創設された。これにより、注文者は通常必要と認められる期間に比して著しく短い工期による請負契約を締結することが禁止され、また、工期に影響を及ぼす事象で認識しているものについて、契約締結までに受注者に通知をしなければならなくなった。なお、建設業者に対しても、見積りを行う際に、工事の種別ごとの材料費、労務費その他の経費の内訳と共に、新たに「工事の工程ごとの作業及びその準備に必要な日数」を明らかにして見積りを行うよう努める義務が法20条（建設工事の見積り等）に追加された。

なぜ工期の適正化が必要なのであろうか。実は、建設業は全産業平均と比較して年間300時間以上長時間労働の状況なのである（図参照[8)]）。

7）法19条の５「注文者は、その注文した建設工事を施工するために通常必要と認められる期間に比して著しく短い工期とする請負契約を締結してはならない」
8）「新・担い手３法の成立など最近の建設業を巡る状況について」（国土交通省、https://www.mlit.go.jp/policy/shingikai/content/001310000.pdf）２頁「建設業を取り巻く現状と課題」参照。

これからの建設業の働き方改革には、適正な工期設定や適切な賃金水準の確保が必要なことであり、いまだに週6日勤務が当然で、働く日数が減れば賃金が減るという日給月給制の技能者が多い現状をどのようにして解消していくのかがこれからの課題であろう。

さて、著しく短い工期であるかどうかについては、工事の内容や工法、投入する人材や資材の量などに依るため一律に判断することは困難である。そこで、「建設工事における適正な工期設定等のためのガイドライン（第1次改訂：平成30年7月2日建設業の働き方改革に関する関係省庁連絡会議）」が改訂され、建設工事に従事する者の休日（週休2日に加え、祝日、年末年始及び夏季休暇）、建設業者が施工に先立って行う、労務・資機材の調達、調査・測量、現場事務所の設置、BIM/CIMの活用等の「準備期間」、施工終了後の自主検査、後片付け及び清掃等の「後片付け期間」、降雨日、降雪・出水期等の作業不能日数など適切に考慮するものとされた。ただし、週休2日の確保等を考慮した工期設定を行うことが盛り込まれてはいるものの、いたずらに工期を延ばすことを是とするものではなく、建設業において不可欠な取り組みである生産性向上や、シフト制等による施工体制の効率化についても言及されている。

なお、著しく短い工期の禁止に違反した場合の措置として、著しく短い工期で下請契約を締結していると疑われる場合は、当該工事の発注者は当該受注者の許可行政庁にその旨を通知しなければならないほか、許可行政庁は、著しく短い工期で契約を締結した発注者に対して、勧告を行うことができ、従わない場合はその旨を公表することができ、法41条の勧告や法28条の指示処分を行うことができることとされた。

完全なる下請状態の問題点

建設工事は元請から下請へと数次の請負契約によって全体が成立する。下請業者は、その専門性からいくつもの業者から受注を受けていろいろな現場で施工することが通常だが、下請業者の中には、一社の建設業者からしか工事を受注できず、その業者専属の下請業者のようになってしまうところがある。これを仮に「完全なる下請状態」と呼ぶこととする。

完全なる下請状態であることは、他から仕事が受注できないために、注文者から工事の値下げ要請があったときにこれを断ることができず、逆に、材料費が高騰したときに注文者に対して工事費の値上げ要請が通らないなど、実情は建設工事の請負契約の片務性が見受けられる。

こうしたことから、完全なる下請状態にある業者は、専門性を磨くことや技術力を上げることで、他社からも受注がある状態へと変わっていく必要がある。他社が通常の単価で注文をくれるのであれば、専属している注文者からの低い単価で工事を受注しなくて良くなる。建設工事の数次の請負は、本来は、手に職のある下請業者が常に現場に入れるようにするためのもの（大きい工事の場合には専門工事はその工期のうち一部でしかないため、大きい工事を受ける元請業者は一つの専門工事の現場を絶え間なく維持することはできない）なので、完全なる下請状態にある業者は、付き合いのある会社を増やして、完全なる下請状態から脱していかなければならない。

ただ、完全なる下請状態の業者の中には、大手企業から専門性や技術力や買われて通常の単価よりも高い金額で受注しているような特殊な事例もあり、この場合、いかに受注を継続してもらえるかを考えるため、他社からの受注を獲得するよりも専門性・技術力の向上と共に、契約担当者との付き合いなどが課題になることもある。

(3) 独占禁止法との関係

許可を受けた建設業者が、法19条の3(不当に低い請負代金の禁止)、法19条の4(不当な使用資材等の購入強制の禁止)、法24条の3(下請代金の支払)第1項、法24条の4(検査及び引渡し)又は法24条の5(特定建設業者の下請代金の支払期日等)第3項若しくは第4項の規定に違反している事実があり、その事実が私的独占の禁止及び公正取引の確保に関する法律(独占禁止法)に違反していると、国土交通大臣又は都道府県知事が認めるときは、公正取引委員会に対して措置請求を行うことができると建設業法には規定がある。

独占禁止法違反には、個人に対して5年以下の懲役又は500万円以下の罰金が、法人に対しては5億円以下の罰金が科せられる。

こうした刑罰により、建設業界から不当な契約を排除し、適正な建設工事の請負契約が広まるようになるべきではあるが、公正取引委員会が刑事告発するようなケースは、国民生活に広範な影響を及ぼすと考えられる悪質・重大な事案であり、これまで建設業者を対象とした起訴事件は入札談合事件がそのほとんどである。

建設業法違反については、暴対法を除き、刑事罰を科すことが難しく、さらに、損害賠償請求などの民事裁判においては建設業法・施行令・施行規則・ガイドラインは斟酌されるものの、民法により判断される場合が多く、司法の場においても、行政の場においても、まだまだ建設業法のコンプライアンスは甘いといわざるを得ない。これから建設業法の徹底が進んでいくことを期待したい。

8◆見積り

（1）見積りの努力義務

事業者が見積りを行うように努力義務を課しているのは、日本の法律上では、公共に関する法律、行政に関する法律などでは存在するものの、いわゆる事業法の分野では、建設業法を除き存在していない。

なぜ建設業法だけ「見積り」を法律に記載しなければならなかったのかが、建設業が他産業とは著しく異なる特徴を有していることの一つの根拠であろう。

その特徴とは、『建設業法解説』から引用すると「一品ごとの注文生産であり、一つの工事の受注ごとにその工事の内容に応じて資金の調達、資材の購入、技術者及び労働者の配置、下請負人の選定及び下請契約の締結を行わなければならず、また工事の目的物の完成まで、その内容に応じた施工管理を適切に行うことが必要である」ということである。

あらかじめ見積りが行われることによって、工事完成の目的物が定まっており、完成後の目的物を確認することができる。これは、一般消費者である注文者の保護につながることは明白である。また、下請業者にとっても、工事内容が事前に決定されており、仕様が決まっていることで現場での指示待ちや急な変更、手直しなどが発生しづらくなる。注文者との関係がしっかりと構築されているような、あらかじめ見積りを行える元請業者は、下請業者を守ることができる。

下請業者にとっても、工事内容に応じ、工事の種別ごとに材料費、労務費その他の経費の内訳を明らかにして、見積りを行うことで、あらかじめ工事目的物を確定できるため、事前に見積書を提出し、その後、その見積書に基づいて工事請負契約を取り交わすことのできるような業者との取引は大事である。

しかし、実際の建設業界では、見積りを行うことがいまだ軽視されている。法条文でも法20条1項で「見積りを行うよう努めなければならない」と規定しているにもかかわらず、2項に「建設工事の注文者から請求があつたときは、請負契約が成立するまでの間に、建設工事の見積書を交付しなければならない」と規定し、注文者からの請求が無ければ見積書を交付しなくて良いこととなっている。

また、適正な請負価額の前提となる見積書の作成は、請負金額の算定に当たりダンピング防止や下請業者の保護につながるのであるが、逆に、工事受注を目的にした見積書を作成する業者がいるために安価な価額設定をした見積書が出回り、ダンピング受注へとつながっている側面も否定できない。

現在、工期ダンピングの防止も話題に上がるなど、請負契約に関する見積書の意義は日ごとに大きくなってきている。契約書の書面主義と共に見積書の作成努力義務も適正に広がっていくことが期待される。

（2）法定福利費の見積り

社会保険加入対策を受けて、見積書への法定福利費の記載が求められるようになってきている。建設関係団体59団体からは「標準見積書」が提示され、契約環境としては事前の見積書交付へと向かっていることが感じられる。だが、法定福利費の算出方法について、現場サイドからは計算式や対象金額などに関する質問や疑問が多く上がっているのも事実である。今回、ほとんどの種別の工事に対応できるような、法定福利費の一般的な計算方法をここに記載する。

法定福利費の計算は以下の通りである。

> 法定福利費＝労務費×社会保険料率
> （事業主負担分）

労務費は、直接工事に従事する者に対して支払われる賃金あるいは給料手当などの現場の工事原価における労務費の合計をいう。

社会保険料率は、①健康保険料率、②介護保険料率、③厚生年金保険料率、④雇用保険料率のすべてを足し合わせたものである。ただし、保険料率はたびたび見直しにより変更されるため、法定福利費を計算しなければならない現場担当者は、社内の人事部や総務部などから保険料率の変更があった際には連絡が入るようにしておく必要がある。社内から情報を得られないような場合には社会保険労務士などの専門家から情報を手に入れるようにしておくべきである。保険料率については、現在、以下の通りである。

① 健康保険料率は全国47都道府県毎に率が異なっているので、建設工事請負契約を締結した営業所の所在する都道府県の健康保険料率を確認する必要がある[9)]。全国平均の事業主負担分はおおむね５％である。

② 介護保険料率の事業主負担分は0.785％（平成30年４月以降）であるが、介護保険の２号被保険者に該当するのは40歳以上65歳未満のため、現場に入る工事従事者の年齢を確認して、40歳未満及び65歳以上の者の労務費に該当する部分を介護保険の計算からは除外するのが正しい計算方法となる。

③ 厚生年金保険料率の事業主負担分は9.15％（平成29年９月以降）である。

④ 雇用保険料率の事業主負担分は0.8％（平成29年４月以降）である。

各団体が作成した標準見積書は国土交通省のホームページ[10)]から一部確認することができる。

9）全国健康保険協会ホームページ保険料率。
http://www.kyoukaikenpo.or.jp/g3/cat330

10）国土交通省ホームページ掲載の各団体が作成した標準見積書。
http://www.mlit.go.jp/totikensangyo/const/totikensangyo_const_tk2_000082.html

9 ◆ 一括下請負の禁止

（1）なぜ丸投げ禁止なのか

法22条において「建設業者は、その請け負つた建設工事を、いかなる方法をもつてするかを問わず、一括して他人に請け負わせてはならない。」と規定されている。いわゆる丸投げの禁止である。建設業許可業者と無許可業者の線引きとして請負代金の額500万円のラインがあるが、一括下請負の禁止は同条２項で、建設業を営む者についても一括下請負を禁止している。建設業許可業者だけでなく、すべての建設業を営む者に禁止している点が独特であり、禁止事項として非常に重いこともよく分かる。

なぜ丸投げが禁止されているかというと、一つは、工事責任の所在の問題がある。元請業者には全体の施工管理を行うことが求められているが、元請業者が現場代理人も置かず、配置技術者も置かずに、名義上元請におさまっているものの、現場には人員がいないなどの場合、施工の責任はあやふやになる。また、一括下請負をするような元請業者は、下請業者に対して受注額の一部を抜きながらも、下請業者で責任を持ってやれなどという行為を平気で行い、労働安全衛生体制も同時に守られなくなる。

二つ目には、注文者が現場に携わらないところに対して費用を負担しなければならない問題がある。発注者である消費者にとっては、丸投げした業者は何もしない業者であり、その何もしない業者にお金を払うこととなり、全くメリットがない。こうした丸投げ業者は、工事受注を持ってくるだけのいわゆる商業ブローカー（仲介人）であるのだから、本来は、施工体制に入れずに、紹介料や仲介料を支払って契約を完了すべきである。にもかかわらず、地場の工務店の中には不動産会社と組んで、丸投げ業者になってしまったり、そのような行為に手を染めるようなところもある。さらに、一括下請負の禁止の例外規定である、個人住宅等の建設工事で「あらかじめ発注者の書面による承諾を得たときは」一括下請負の禁止を適用しないことを悪用して、説明せずに契約書の中に下請業者への承諾を紛れ込ませるようなケースもある。消費者の不知につけ込むような悪質な業者には、この建設業界からは出て行ってもらうような断固とした決意が必要である。

三つ目は、二つ目とも関連するが、実際の現場施工をした業者や現場の職人に適正な工事代金や工賃が支払われない問題がある。丸投げにより、名ばかりの元請業者が中間搾取するので、現実の施工従事者が安価で働かなくてはならないことへつながっていくのである。

総じて、一括下請負は、発注者が建設工事の請負契約を締結するに際して建設業者に寄せた信頼を裏切ることになる。

（2）一括下請負禁止の明確化について

実質的に施工に携わらない企業を施工体制から排除し、不要な重層化を回避するため、一括下請負の禁止に係る判断基準の明確化を図る必要があり、「一括下請負の禁止について（平成28年10月14日国土建第275号）」が通知された。

この通知には、「『いかなる方法をもつてするかを問わず』とは、契約を分割し、あるいは他人の名義を用いるなどのことが行われていても、その実態が一括下請負に該当するものは一切禁止するということ」のように、一括下請負の禁止に係る判断基準が記載されている。

いくつか詳細に見ていくと、一括下請負に該当するのは、「元請負人がその下請工事の施工に実質的に関与することなく、①請け負った建設工事の全部又はその主たる部分について、自らは施工を行わず、一括して他の業者に請け負わせる場合、②請け負った建設工事の一部分であって、他の部分から独立してその機能を発揮する工作物の建設工事について、自らは施工を行わず、一括して他の業者に請け負わせる場合」が挙げられている。

「実質的に関与」とは、元請負人が自ら施工計画の作成、工程管理、品質管理、安全管理、技術的指導等を行うことであり、具体的には、①施工計画の作成：請け負った建設工事全体の施工計画書等の作成、下請負人の作成した施工要領書等の確認、設計変更等に応じた施工計画書等の修正、②工程管理：請け負った建設工事全体の進捗確認、下請負人間の工程調整、③品質管理：請け負った建設工事全体に関する下請負人からの施工報告の確認、必要に応じた立会確認、④安全管理：安全確保のための協議組織の設置及び運営、作業場所の巡視等請け負った建設工事全体の労働安全衛生法に基づく措置、⑤技術的指導：請け負った建設工事全体における主任技術者の配置等法令遵守や職務遂行の確認、現場作業に係る実地の総括的技術指導、⑥その他：発注者等との協議・調整、下請負人からの協議事項への判断・対応、請け負った建設工事全体のコスト管理、近隣住民への説明のすべてを行うことが必要である。

一括下請負にならない配置とは

建設業の工事現場には配置技術者が必須である。そして、現場の施工管理は元請業者の責任であり、どんなに小さな工事であっても同様である。一括下請負の禁止は厳格に考えられるため、元請業者としてどのように技術者を配置すれば良いだろうか。

まず、現場に技術者を置いた場合はどうか。単に現場に技術者を置いているというだけでは「実質的に関与」しているとはいえず、当然一括下請負になる。

では、技術者を配置し、建設工事に必要な資材を元請負人として下請業者に提供している場合はどうか。適正な品質の資材を調達することは、施工管理の一環である品質管理の一つではあるが、これだけを行っても、元請負人としてその施工に実質的に関与しているとはいえず、一括下請負に該当することになる。

例えば、電線共同溝工事を請け負い、A社の技術者が施工計画を策定したものの、電線共同溝本体工事をB社に下請負させ、その他の信号移設工事や植栽・移植工事等はそれぞれC社・D社に下請負させ、工事の進捗はB社の技術者にさせている場合はどうか。建設工事の主たる部分について一括して請け負わせている場合は、元請負人が実質的に関与している場合を除き、一括下請負となる。今回、下請負のB社の技術者に工程管理をさせているので、実質的な関与がないものとして、一括下請負に該当することになる。

つまり、一括下請負にならない配置とは、工事現場に自社の適当な技術者を配置するだけでなく、①施工計画の作成、②工程管理、③品質管理、④安全管理、⑤技術的指導、⑥その他の現場管理の業務を行わせることが必要なのである。 ●

10 ◆ 契約不適合責任（旧：瑕疵担保責任）

（1）契約不適合責任と瑕疵担保責任

請負人は完成し引き渡した工事の建築物に問題がある場合には、従来は民法の瑕疵担保責任を問われていた。すなわち、工事の完成物に瑕疵（例えば、壁に穴が開いている、床が一部張られていない、コンセントに電気が来ていないなどの問題）があるときは、注文者の請求により、請負人は瑕疵を修補するか、損害額を賠償するか又はその両方をしなければならなかったのである。

しかし、民法改正により「瑕疵」という言葉は無くなり、旧民法634条（請負人の担保責任）と同内容の規定も無くなり、請負人の瑕疵担保責任については、売買に関する規定を準用することとなり、総じて債務不履行の一類型として整理された。

旧民法635条では、建物その他の土地の工作物については、瑕疵があって契約の目的を達成できないときでも、注文者は、契約の解除をすることができなかった。しかし、平成14年の判例で、「建築請負の仕事の目的物である建物に重大な瑕疵があるためにこれを建て替えざるを得ない場合には，注文者は，請負人に対し，建物の建て替えに要する費用相当額の損害賠償を請求することができる」旨の内容が出され、つまり、建替費用相当額の損害賠償とは解除権を認めたことと同義であり、事実上は、建物その他の土地の工作物における解除制限はほぼ無いものとして取り扱われてきていた。

これらの流れを踏まえながらも、改正民法においては、瑕疵担保ではなく、債務不履行責任：債務不履行による損害賠償（民法415条）がそのまま適用され、かつ、売買における契約不適合責任が準用されることになったのである。

これにより、請負契約の場合においても、瑕疵担保責任ではなく契約不適合責任となり、買主の①追完請求権（民法562条）、②損害賠償請求（民法564条・565条）、③解除権の行使（民法564条・541条）、④代金減額請求権（民法563条）の４つが制度化されたのである。ただし、代金減額請求が加わったとしても、これまでの判例により、請負人の報酬債権と注文者の瑕疵修補に代わる損害賠償債権との相殺がなされることが確定していることから、事実上の変更点は無いといってもよい。
さて、改正民法における請負人の担保責任としては、まず契約不適合であるとき、目的物の修補、代替物の引渡し又は不足分の引渡しという追加で完成させる「追完」がある。例えば、玄関廊下の大理石が手に入らなかったため同価格帯の御影石に変更することや後日納品にしてもらうことなどだ。
次に「損害賠償」がある。玄関廊下の大理石に替えてケヤキ材で廊下を張った場合、注文主は大理石でないことへの損害を請負人に対して請求することができる。また、そもそも契約自体を無かったこととして原状回復させる「解除」を選択することもできる。古い木材の玄関廊下を大理石に張り替える工事を注文したときに、注文者の了解を得ずにケヤキ材で廊下を張った場合には契約「解除」されても仕方ないだろう。ただし、家一棟の新築注文で玄関廊下だけの不適合を理由に「解除」することは社会通念上相当ではないだろう。そのような一部が不適合である場合には、注文者は請負人に「代金減額」請求ができるようになっている。玄関廊下が大理石でないことに対して代金を減額させることを法律で認めているのだ。
建設業の請負契約が特殊であるという考え方を補足的に認めていた旧民法は、一般的売買契約と建設工事の請負契約を並列的に考える改正民法となった。
建設工事の請負契約が一般的契約とは異なる特殊性を持つことは、建設業法に定めを置くのみとなったのだ。その意味では、建設業界が建設業法18条からの第3章建設工事の請負契約の部分のルールを守っていく必要性があることは間違いないだろう。

◆ **関連判例　損害賠償債権と報酬債権が同時履行の関係に立つとする事例**

瑕疵修補に代わる損害賠償債権と報酬債権とは、民法634条２項により同時履行の関係に立つから、注文者は、請負人から瑕疵修補に代わる損害賠償債務の履行又はその提供を受けるまで、自己の報酬債務の全額について履行遅滞による責任を負わないと解される（最判平成９年７月15日）。

◆ **関連判例　建て替えに要する費用相当額の損害賠償請求を認めた事例**

民法635条は、そのただし書において、建物その他土地の工作物を目的とする請負契約については目的物の瑕疵によって契約を解除することができないとした。しかし、請負人が建築した建物に重大な瑕疵があって建て替えるほかはない場合に、当該建物を収去することは社会経済的に大きな損失をもたらすものではなく、また、そのような建物を建て替えてこれに要する費用を請負人に負担させることは、契約の履行責任に応じた損害賠償責任を負担させるものであって、請負人にとって過酷であるともいえないのであるから、建て替えに要する費用相当額の損害賠償請求をすることを認めても、同条ただし書の規定の趣旨に反するものとはいえない（最判平成14年９月24日）。

旧民法
（請負人の担保責任）
第635条　仕事の目的物に瑕疵があり、そのために契約をした目的を達することができないときは、注文者は、契約の解除をすることができる。ただし、建物その他の土地の工作物については、この限りでない。
２　注文者は、瑕疵の修補に代えて、又はその修補とともに、損害賠償の請求をすることができる。この場合においては、第533条の規定を準用する。

（同時履行の抗弁）

第533条　双務契約の当事者の一方は、相手方がその債務の履行を提供するまでは、自己の債務の履行を拒むことができる。ただし、相手方の債務が弁済期にないときは、この限りでない。

瑕疵は消えるが、瑕疵は残る

平成23年の法制審議会民法（債権関係）部会で出された「民法（債権関係）の改正に関する中間的な論点整理」において、「『瑕疵』という文言からはその具体的な意味を理解しづらいため『瑕疵』の定義を条文上明らかにすべきであるという考え方があり，これを支持する意見があった。」として、一般的に分かりにくい単語を法条文から除こうという姿勢がみえる。

詳しくみていくと、旧民法では、売買の目的物に瑕疵があった場合、当事者が特定の物の個性に着目して取引する場合（特定物売買）とそうでない場合（不特定物売買）とに分けて考えて、特定物売買の場合には瑕疵担保責任を適用し、不特定物売買の場合には債務不履行責任が適用されるものと考えられてきた。これに対し、改正民法では、特定物売買か不特定物売買かに分けることなく、目的物が契約内容に不適合であることに対する責任（契約不適合責任）を新たに規定した。

「瑕疵」は消え、「契約不適合」となった。

なお、改正民法に関わらず、特定住宅瑕疵担保責任の履行の確保等に関する法律（以下「住宅瑕疵担保履行法」という）においては、当面、「瑕疵担保責任」という単語を維持していく方針であり、この「瑕疵担保責任」は残るようだ。

この住宅瑕疵担保履行法は、建設業者が一般消費者と住宅を新築する建設工事の請負契約を交わして新築住宅を引き渡した際には、それから10年間は住宅建設瑕疵担保責任保険契約を特定の保険法人と締結し、瑕疵担保責任を果たさなければならないのである。

11◆元請負人の義務

（1）下請負人の意見の聴取（法24条の2）

元請負人は下請負人に施工させるにあたり、次に示す事項を定めようとするときは、あらかじめ下請負人の意見をきかなければならない。

・工程の細目

・作業方法

・その他元請人において定めるべき事項

以上のような指示・指定を元請負人において行う場合は、下請負人の意見を聴取すべきである、と義務付けたものである。通常は、このような指示等が無ければ下請負人が決定する事項となる。なお、「その他元請負人において定めるべき事項」とは、例えば、使用材料についてとくに通常と異なるものを要求する場合などであるが、これは契約締結時に取り決めるものである。契約締結後の指示等になる場合は、不当な使用資材等の購入強制の禁止（法19条の4）にあたる可能性があり、注意を要する。

本条は、訓示規定であり、義務違反から直ちに契約は無効とはならず、また罰則の適用はない[11)]。

（2）下請代金の支払い（法24条の3）

元請負人は、出来形払い又は完成払いを受けたときは、その工事を施工した下請負人に当該支払いを受けた日から1カ月以内で、かつ、でき

11）建設業法研究会『建設業法解説　改訂12版』（大成出版社、2016年）208-209頁。

る限り短い期間内に支払わなければならない（１項)。また、この場合における下請代金のうち労務費に相当する部分については、現金で支払うよう適切な配慮をしなければならない（２項)。

これは、元請負人が注文者から代金を受領しているにもかかわらず、下請負人への代金支払いを遅延することで、下請負人の資金繰りを悪化させないためのものである。本項の規定は強行規定であり、下請契約において定めた期日が本項で定めた期日よりも遅い場合は、その期日は無効となり、１カ月目以降は、履行遅滞となり元請負人において損害賠償責任が発生する[12]。また、本条１項の規定に違反している事実があり、その事実が私的独占の禁止及び公正取引の確保に関する法律（以下「独占禁止法」という。）19条に違反していると認められるときは、公正取引委員会に措置請求をすることができる（法42条、42条の２、本章248頁コラム)。

下請代金の支払いは、できる限り現金払いとすること、また現金払いと手形払いを併用する場合であっても、現金比率を高めるとともに、少なくとも労務費相当分については現金払いとすること、手形期間は、120日以内でできる限り短い期間とすることが指針として示されている[13]。

元請負人が注文者から前受金を受けたときは、下請負人に対しても前払金を支払うように規定されている（３項)[14]。前払金は、工事の着手にあたっての資材調達等の必要な資金でもあるところだが、注文者から前払金の支払いが無ければ、下請負人に前払金を支払う義務が課されているわけではない。しかしながら、本項は下請負人に対しての適切な配慮を求めているものであり、元請負人としては、注文者からの前払金の有無にかかわらず、下請負人に前払金の支払いをすることが望ましいといえる。

12）建設業法研究会『建設業法解説　改訂12版』（大成出版社、2016年）211頁。
13）「建設産業における生産システム合理化指針」平成３年２月５日建設省経構発2号。
14）本章193頁を参照。

（３）検査と引渡し（法24条の４）

元請負人は、下請負人からその請け負った建設工事が完成した旨の通知を受けたときは、当該通知を受けた日から20日以内で、かつ、できる限り短い期間内に、その完成を確認するための検査を完了させなければならない（１項)。また、検査確認後に、下請負人が申し出たときは、直ちに当該建設工事の目的物の引渡しを受けなければならない（２項前段)。

これは、工事完成後、元請負人が検査を遅延することは、下請負人に必要以上に管理責任を負わせることになるばかりでなく、下請代金の支払遅延の原因ともなるので、工事完成の通知を受けた日から起算して20日以内に確認検査を完了しなければならないこととしたものである。ただし、20日以内に確認検査ができない正当な理由がある場合には適用されない。「正当な理由」とは、風水害や当事者以外の第三者の検査を要する場合などをいう15)。

工事目的物の引渡しについても、元請負人が引渡しを受けないことは、下請負人に検査後もさらに管理責任を負わせることになるので、特約がない限り、直ちに引渡しを受けなければならないとしている。規定にある「通知」や「申し出」は必ずしも書面である必要は無く口頭でもよいが、トラブルを避けるため書面によることが良いことはいうまでもない。

本条に対する違反は、公正取引委員会への措置請求によることとなる(24条の３第１項に同じ)。なお、下請負人がした公正取引委員会等への通報したことを理由として、元請負人は下請負人に対し取引の停止その他の不利益な取扱いをしてはならないことの規定が新設された（法24条の５)。

15)「建設業の下請取引における不公正な取引方法の認定基準」昭和47年4月1日公正取引委員会事務局長通達４号別紙１、２。

検査・引渡し・下請代金の支払いフロー【特定建設業者】

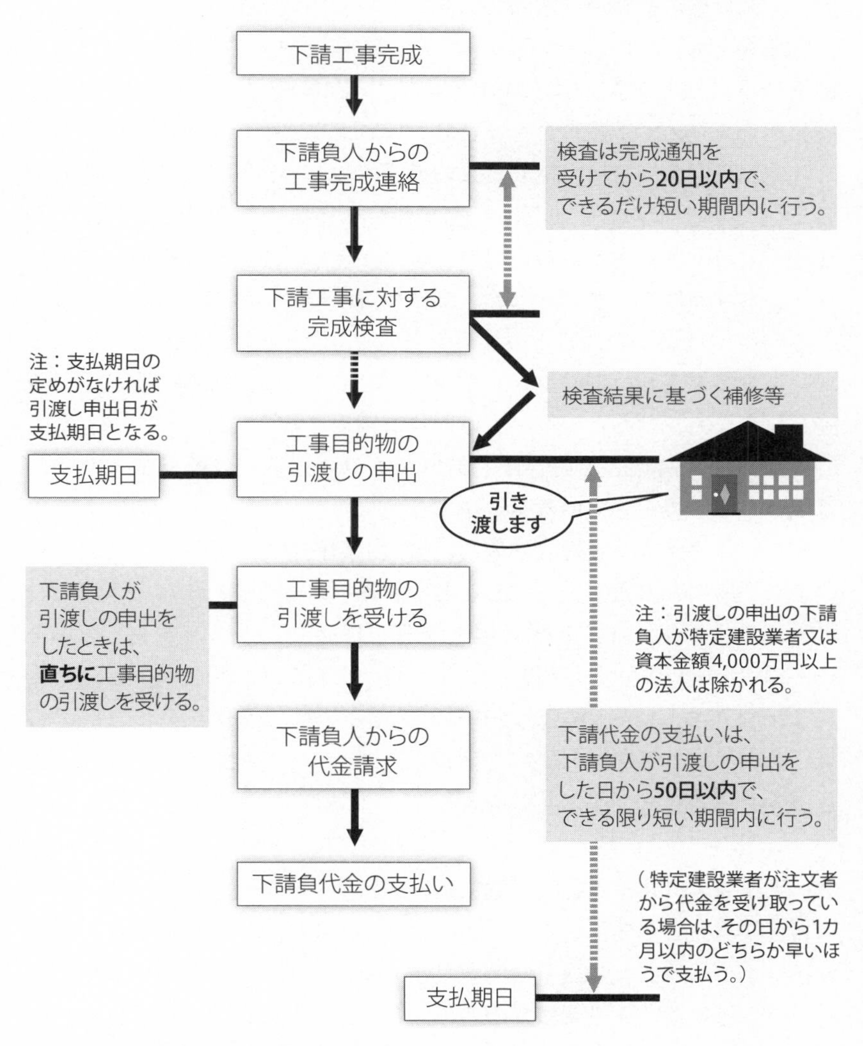

国土交通省九州地方整備局「よくわかる建設業法」を元に作成
http://www.qrs.mlit.go.jp/n-park/construction/pdf/16060/kensetugyoho.pdf

（4）特定建設業者の義務

①　下請代金の支払い（法24条の６）

特定建設業者は、下請負人（特定建設業者又は資本金額が4000万円[16]以上の法人を除く。）からの引渡し申出日から起算して50日以内に支払期日を定め、下請代金を支払わなければならない（１項、２項）。

特定建設業の制度は、下請負人の保護等のために特別の義務を課している[17]ため、特定建設業者は、注文者から支払いを受けたか否かにかかわらず、下請負人からの申出があったときは、下請代金を期日までに支払わなければならない。なお、支払期日が定められていない場合は、引渡し申出日が支払期日とみなされる（２項）。また、法24条の３第１項にある出来高払いや竣工払いを受けた日から１カ月以内の支払いの義務も負うため、どちらか早い方の期日が適用される。

支払期日に遅延した場合は、年14.6%[18]の遅延利息を支払わなければならないと規定している（４項）。

支払いにあたり特定建設業者は、当該下請代金の支払期日までに一般の金融機関による割引を受けることが困難であると認められる手形の交付をしてはならない（３項）。手形期間（サイト）が120日を超える場合は「割引を受けることが困難であると認められる手形の交付」と認められる場合があり、その場合は本項に違反する[19]。なお、公正取引委員会においては、手形割引料等のコストの勘案、手形期間を60日以内とするよう努めることと要請している[20]。

②　下請負人に対する指導（法24条の７）

特定建設業者が発注者から直接建設工事を請け負い、元請となった場合には、下請負人（一次下請業者だけでなく、工事に携わるすべての下請業者が対象）が建設業法等の関係法令に違反しないよう指導に努めな

16）令７条の２。
17）建設業法研究会『建設業法解説　改訂12版』（大成出版社、2016年）151頁。
18）規14条。
19）国土交通省・建設産業局建設業課「建設業法遵守ガイドライン（第６版）」33頁。
20）「下請代金の支払手段について」平成28年12月14日公正取引委員会。

ければならない（１項)。

大規模な建設工事の施工に当たっては、多数の下請負人が参加し、さらに下請が重層的に行われている。しかし、これらの下請負人は建設業法等の関連法令に十分な理解を持っていないことが多く、これらの規定が遵守されないことで、現場における事故災害等のほか、労働者に対する賃金不払い等の問題を生じさせる例が少なくない。そこで、このような問題を解消するため、元請となった特定建設業者に対し、当該建設工事の下請負人が所定の法令の規定に違反しないよう指導すべき義務を課している。

指導すべき法令の規定（法24条の７第１項、令７条の３）

法律名	内容
建設業法 (下請負人の保護に関する規定、技術者の配置に関する規定等本法のすべての規定が対象とされているが、特に次の項目に注意すること。)	（１）建設業の許可（３条) （２）一括下請負の禁止（22条) （３）下請代金の支払い（24条の３・６） （４）検査及び確認（24条の４） （５）主任技術者及び監理技術者の配置等（26条、26条の２）
建築基準法	（１）違反建築の施工停止命令等（９条１項・10項) （２）危害防止の技術基準等（90条)
宅地造成等規制法	（１）設計者の資格等（９条) （２）宅地造成工事の防災措置等（14条２項・３項・４項)

労働基準法	（１）強制労働等の禁止（５条） （２）中間搾取の排除（６条） （３）賃金の支払方法（24条） （４）労働者の最低年齢（56条） （５）年少者、女性の坑内労働の禁止（63条、64条の２） （６）安全衛生措置命令（96条の２第２項、96条の３第１項）
職業安定法	（１）労働者供給事業の禁止（44条） （２）暴行等による職業紹介の禁止（63条１号、65条８号）
労働安全衛生法	（１）危険・健康障害の防止（98条１項）
労働者派遣法	（１）建設労働者の派遣の禁止（４条１項）
建設労働者雇用改善法	（１）書類の備付け等（８条２項）

なお、元請負人となった特定建設業者は、その下請負人において法令違反を認めた場合は、その違反事実を指摘して是正を求めるよう努めるものとし、是正に従わないときは、許可行政庁に速やかに通報しなければならない（２項、３項）。

この下請負人に対する指導義務は、元請負人となった特定建設業者に課せられているものではあるが、一般建設業者を含む他の元請負人においても同様の指導に努めるべきであることはいうまでもない。また、本条１項、２項は訓示規定であり、義務違反に対する罰則は無いが、的確な指導を行っていない場合には、法28条の指示処分の対象となると考えられる（３項は訓示規定ではないため法28条の指示処分の対象となる）[21]。

③　施工体制台帳及び施工体系図の作成等（法24条の８）

施工体制台帳

特定建設業者は、発注者から直接建設工事を請け負い、その建設工事

21）建設業法研究会『建設業法解説　改訂12版』（大成出版社、2016年）227-228頁。

を施工するために締結した下請契約の総額が4000万円（建築一式工事は6000万円）[22]以上になる場合は、施工体制台帳を作成することが義務付けられている（1項)。なお、公共工事発注者から平成27年4月1日以降に直接工事を請け負った建設業者が当該工事に関して下請契約を締結した場合は、施工体制台帳を作成しなければならない[23]。

施工体制台帳は、その作成を通じて元請業者に現場の施工体制を把握させることで、品質・工程・安全などの施工上のトラブルの発生、不良不適格業者の参入、一括下請負等の建設業法違反及び安易な重層下請負などの事象を防止する目的としている。

基準となる下請契約の総額とは、「建設工事の請負契約」の総額であり、建設工事に該当しないと考えられる資材納入、調査業務、運搬業務、警備業務などの契約金額は含まない。

施工体制台帳は、当該工事の工事中は現場に備え置くものとし、工事完了後は5年間（住宅を新築する工事にあっては10年間）の保存義務がある（規28条1項)。

改正法により、監理技術者を補佐する者について、氏名及び保有資格を記載すること（規14条の2第2号へ)、建設工事に従事する者に関する、氏名、生年月日、年齢、職種、社会保険の加入状況等を記載すること（規14条の2第2号チ）が追加された。

帳簿の備え付け

法40条の3では、建設業者は営業所ごとに、営業に関する事項を記載した帳簿を備え、5年間（平成21年10月1日以降については、発注者と締結した住宅を新築する工事に係るものにあっては、10年間）保存しなければならないとされている（規28条1項)[24]。

22）令7条の4。
23）公共工事の入札及び契約の適正化の促進に関する法律（入契法）15条。
24）「建設業法遵守ガイドライン（第6版）」35頁。

帳簿作成例

国土交通省九州整備局「よくわかる建設業法」帳簿作成例を元に作成
http: //www. qrs. mlit. go. jp/n-park/construction/pdf/160601kensetugyoho.pdf

■営業所情報

営業所の名称	代表者の氏名	代表者となった年月日
○○営業所	注文 二郎	平成22年10月1日

■注文者と締結した建設工事の請負契約

2-(1) 請け負った建設工事の名称	2-(1) 工事現場の所在地	2-(2) 請負契約締結年月日	2-(3)注文者に係る事項				2-(4) 検査完了年月日	2-(5) 引渡し年月日
			商号、名称、又は氏名	住所	許可番号			
					大臣・知事/特定・一般	番号		
○○ビル新築工事	○○県○○市○○町1-1	平成26年11月1日	福岡工業株式会社	○○県○○市○○町1-1	大臣/特定	第12345号	平成27年3月1日	平成27年3月2日

■発注者と締結した住宅の新築工事の請負契約

3-(1) 当該住宅の床面積	3-(2)※1 建設業者の建設瑕疵負担割合	3-(3)※2 発注者に交付している住宅瑕疵担保責任保険法人
○○m²	○○%	○○(株)

※1 当該新築住宅が特定住宅瑕疵担保責任の履行の確保等に関する法律施行令3条1項に該当する場合
※2 当該新築住宅について、住宅瑕疵担保責任保険法人を利用している場合

■下請負人と締結した請負契約

4-(1) 下請契約の名称	4-(1) 工事現場の所在地	4-(2) 下請契約締結年月日	4-(3)注文者に係る事項				4-(4) 検査完了年月日	4-(5) 引渡し年月日	法24条の5第1項に規定する下請契約に該当する場合								
			商号、名称、又は氏名	住所	許可番号				下請代金既支払額	支払年月日	支払手段(現金・手形・その他)	手形を交付した場合			下請代金未支払額	遅延利息支払額	遅延利息支払年月日
					大臣・知事/特定・一般	番号						手形の金額	手形交付年月日	手形満期年月日			
○○ビル新築鉄筋工事	○○県○○市○○町1-1	平成26年11月1日	鉄筋工業株式会社	○○県○○市○○町1-1	知事/一般	第123456号	平成27年2月1日	平成27年2月2日	10,000千円	27年2月28日	現金・手形	5,000千円	27年2月28日	27年4月30日	0千円	0千円	
									千円			千円			千円	千円	

帳簿には、記載すべき事項が定められており（規26条1項）、国土交通省より参考書式が示されている（法定書式ではないので、項目が網羅されておればよく、電磁的記録によってもよい）。

また、帳簿には契約書などを添付することが必要であり、これには領収証等の写しなど支払いを証する書類なども含まれてくる。

これとは別に、発注者から直接工事を請け負った場合は、営業所ごとに、営業に関する図書を10年間保存しなければならない（規26条5項、8項、28条2項）。営業に関する図書は、完成図、工事内容に関する発注者との打合せ記録、施工体系図（作成建設業者のみ）があたる。

これらの記録や図書の保存は、法律等で定められているからという理由もあるが、万が一トラブルが発生した際に自社を守るものともなるので、丁寧に対処したいところである。

なお、公共工事であった場合は、施工体制台帳の写しを発注者に提出しなければならない（入契法15条2項）。民間工事であった場合は、発注者の閲覧に供しなければならない（法24条の8第3項）。

施工体制台帳の作成にあたっては、国土交通省より情報提供がなされている[25]。

建設業法違反の発見の端緒

建設業法違反が認められ、行政庁による処分へつながるには、当たり前のことだが、まず問題点の発見がある。発見の端緒については、さまざまなきっかけにより発見されることとなる。

代表的な例として、技術者の配置では、発注者支援データベース・システムの活用によるもの、経営事項審査における工事経歴書の確認、

25)「施工体制台帳の作成等について」令和3年3月2日国不建404〜405号
https://www.mlit.go.jp/totikensangyo/const/1_6_bt_000180.html

CORINS登録された技術者の相違の発覚、技術者の住所がおおよそ通勤できない場所であること、などがきっかけとなっている。

一括下請負、いわゆる「丸投げ」の例は、許可行政庁による「下請取引等実態調査」からの立入調査、許可行政庁への匿名の通報、発注者から技術者への聞き取りなどから辻褄が合わないなどが、発覚の端緒となっているようである[26]。

意図的な建設業法違反は論外だが、施工体制台帳を適切に整備することは、建設業法の遵守につながり、安全・安心に現場の工事を進められることになるといえよう。

再下請負通知

施工体制台帳の作成が義務付けられたことに伴い、下請負人がさらにその工事を再下請負した場合、元請である施工体制台帳の作成建設業者に対し、再下請負通知書を提出しなければならない（法24条の８第２項）。

再下請負通知書の記載内容は、自社に関する事項、自社が注文者と締結した建設工事の請負契約に関する事項、自社が下請契約を締結した再請負人に関する事項、自社が再下請負人と締結した建設工事の請負契約に関する事項となる（規14条の４）。

施工体系図

施工体制台帳の作成建設業者は、各下請負人の施工分担関係を表示した施工体系図を作成し、工事現場の見やすい場所に掲示する義務がある（法24条の８第４項）。これは、下請業者も含めたすべての工事関係者が建設工事の施工体制を把握するため、建設工事の施工に対する責任と工事現場における役割分担を明確にするため、技術者の適正な配置の確認のためとなる[27]。

26）「施工体制台帳等活用マニュアル」（平成26年12月25日国土建208号）、「発注者及び許可行政庁における施工体制台帳の活用事例集」
27）建設業法令実務研究会『わかりやすい建設業法の手引』（新日本法規出版）506頁。

施工体制台帳・作成フロー図

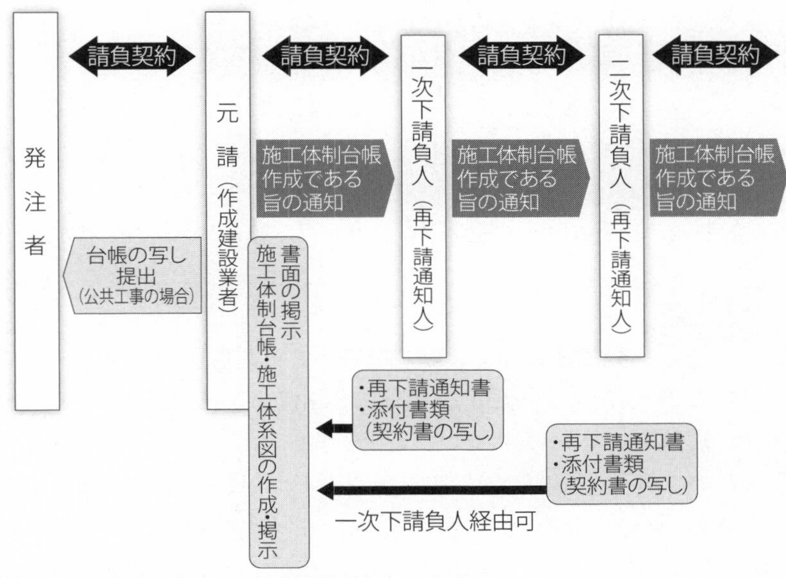

国土交通省九州整備局「よくわかる建設業法」を元に作成
http://www.qrs.mlit.go.jp/n-park/construction/pdf/160601kensetugyoho.pdf

元請負人の損害賠償責任

元請負人は、下請負人等が起こした事故等において、民事上の損害賠償責任を負う場合がある。

直接の下請負人のみならず、孫請けにあたる２次下請以降の事故に関し元請負人の使用者責任が認められることもある（東京地判昭和50年12月24日判時819号59頁）。もちろん、民法715条の使用者責任が問われるには、下請負人の被用者に対して「直接間接に元請負人の指揮監督関係が及んでいる」ことが必要であり[28]、すべての事故等に責任が発生するわけではない。個別具体的な状況をよく見極め判断をしていくものではあるが、元請負人としては、広く目を配らなければならない。

建設工事は、多くの関係者、従事者が関与して造り上げられるものであり、各自が自身の持ち場の責務を全うすることはもちろんのこと、すべての関係者が全体を見渡す視野を持ち、配慮することで、このような賠償責任のリスク管理はもとより職場環境も改善され、より良い施工となり、ひいては社会への貢献につながっていくのだ、と考えたいものである。

元請業者が建設業法を守ってくれない場合は……

法42条では、国土交通大臣又は都道府県知事は、その許可を受けた建設業者が法19条の３（不当に低い請負代金の禁止）、法19条の４（不当な使用資材等の購入強制の禁止）、法24条の３（下請代金の支払い）１項、法24条の４（検査及び引渡し）又は法24条の６（特定建設業者の下請代金の支払期日等）３項若しくは４項の規定に違反している事実があり、その事実が独占禁止法19条の規定「事業者は、不公正な取引方法を用いてはならない。」に違反していると認めるときは、公正取引委員会に対して措置請求を行うことができると規定している。

また、公正取引委員会は、認定基準[29]を示している[30]。

以上のように、建設業法その他法令により、その救済策が規定されているが、建設工事請負契約の実態との乖離もあり、実効性がみられない現実がある。個々の建設業者が建設業法を意識した請負契約、施工を常に心掛け、状況の改善を図っていく必要がある。

28）最判昭和37年12月14日民集16巻12号2368頁。
29）「建設業の下請取引における不公正な取引方法の認定基準」。
30）「建設業法遵守ガイドライン（第６版）」38頁。

建設工事再下請負契約書（例）

（下請負人及び再下請負人の契約）

1　工事名　＿＿＿＿＿＿＿＿＿＿＿＿＿＿＿＿＿＿＿＿工事

注）再下請負人の責任施工範囲、施工条件等を具体的に記載すること

2　工事場所　＿＿＿＿＿＿＿＿＿＿＿＿＿＿＿＿＿＿＿＿

3　工期　・着工　令和　年　月　日

・完成　令和　年　月　日

注）工期は、再下請負人の施工期間とすること

4　工事を施工しない日　＿＿＿＿＿＿＿＿＿＿

注）毎週土曜日・日曜日又は8月10日から8月15日までと具体的に記載すること，定めない場合は削除

工事を施工しない時間帯　＿＿＿＿＿＿＿＿＿＿

注）午後8時～翌午前6時と具体的に記載すること，定めない場合は削除

5　請負代金額　金　　　　　　円

（消費税額　　　　　　円）

6　請負代金の支払の時期及び方法

・着手金　令和　年　月　日　金　　　　　　円

現金を乙の指定する金融機関口座へ振り込む方法

注）前払金の支払をする場合に記載すること

・中間金　令和　年　月　日　金　　　　　　円

現金を乙の指定する金融機関口座へ振り込む方法

注）出来形部分に対する支払をする場合に記載すること

・完成金　令和　年　月　日　金　　　　　　円

現金を乙の指定する金融機関口座へ振り込む方法

7　その他

・この契約書に記載のない事項については別途締結した「建設工事再下請負契約約款」に基づく。

元請工事業者＿＿＿＿＿＿＿＿の＿＿＿＿＿＿＿＿＿＿＿＿工事について、その下請工事の再下請負工事である上記の工事に関し、注文者及び受注者は、各々対等な立場における合意に基づき、別添の条項によってこの請負契約を締結し、信義に従って誠実にこれを履行する。

この契約の証として、本書二通を作り、注文者及び受注者は記名押印して、各自一通を保有する。

令和　年　月　日

甲：注文者（下請負人）

＿＿＿＿＿＿＿＿＿＿＿＿＿＿＿＿㊞

乙：受注者（再下請負人）

＿＿＿＿＿＿＿＿＿＿＿＿＿＿＿＿㊞

建設工事再下請負契約約款（例）

（下請負人及び再下請負人の契約）

（総則）

第一条　注文者及び受注者は、この約款（契約書を含む。以下同じ。）に基づき、設計図書（別冊の図面、仕様書、現場説明書及び現場説明に対する質問回答書をいう。以下同じ。）に従い、日本国の法令を遵守し、信義を守り、誠実に、この契約（この約款及び設計図書を内容とする工事の請負契約をいい、その内容を変更した場合を含む。以下同じ。）を履行する。

2　注文者は、受注者に対し、建設業法（昭和二十四年法律第百号）その他工事の施工、労働者の使用等に関する法令に基づき必要な指示、指導を行い、受注者はこれに従う。

3　労働災害補償保険の加入は元請工事業者が行う。

（見積）

第二条　注文者は、再下請契約を締結する以前に、下記各号に示す具体的内容を受注者に提示し、その後、受注者が当該再下請工事の見積りをするために必要な一定の期間を設けるものとする。

① 工事名称

② 施工場所

③ 設計図書（数量等を含む）

④ 再下請工事の責任施工範囲

⑤ 再下請工事の工程及び再下請工事を含む工事の全体工程

⑥ 見積条件及び他工種との関係部位、特殊部分に関する事項

⑦ 施工環境、施工制約に関する事項

2　再下請契約が適正に締結されるためには、注文者が受注者に対し、あらかじめ、契約の内容となるべき重要な事項を提示し、適正な見積期間を設け、見積落し等の問題が生じないよう検討する期間を確保し請負代金の額の計算その他請負契約の締結に関する判断を行わせることが必要である。

3　注文者は、受注者が見積りを行うための期間を設けることなく、自らの予算額を受注者に提示し、再下請契約締結の判断をその場で行わせ、その額で再下請契約を締結させる指値発注をしてはならない。

（請負代金内訳書及び工程表）

第三条　受注者は、設計図書に基づく請負代金内訳書、工事計画書及び工程表を作成し、契約締結後すみやかに注文者に提出して、その承認を受ける。なお、請負代金内訳書には、健康保険、厚生年金保険及び雇用保険に係る法定福利費を明示するものとする。

2　注文者は、自己の取引上の地位を不当に利用して、その注文した再下請工事を施工するために通常必要と認められる原価に満たない金額を請負代金の額としてはならない。

（関連工事との調整）

第四条　注文者は、再下請負契約書記載の工事（以下「この工事」という。）を含む下請工事（元請負人と注文者との間の請負契約による工事をいう。）を円滑に完成するため関連工事（元請工事及び下

請工事のうちこの工事の施工上関連のある工事をいう。以下この条において同じ。）との調整を図り、必要がある場合は、受注者に対して指示を行う。この場合において、この工事の内容を変更し、又は工事の全部若しくは一部の施工を一時中止したときは、注文者及び受注者が協議して工期又は請負代金の額を変更できる。

2　受注者は関連工事の施工者と緊密に連絡協調を図り、元請工事の円滑な完成に協力する。

（法令等遵守の義務）

第五条　注文者及び受注者は、工事の施工にあたり建設業法、その他工事の施工、労働者の使用等に関する法令及びこれらの法令に基づく監督官公庁の行政指導を遵守する。

2　注文者は、受注者に対し、前項に規定する法令及びこれらの法令に基づく監督官公庁の行政指導に基づき必要な指示、指導を行い、受注者はこれに従う。

（権利義務の譲渡）

第六条　注文者及び受注者は、相手方の書面による承諾を得なければ、この契約により生ずる権利又は義務を第三者に譲渡し、又は承継させることはできない。

2　注文者及び受注者は、相手方の書面による承諾を得なければ、この契約の目的物並びに検査済の工事材料及び建築設備の機器（いずれも製造工場等にある製品を含む。以下同じ。）を第三者に譲渡し、若しくは貸与し、又は抵当権その他の担保の目的に供することはできない。

3　受注者は、第一項ただし書の規定により、この契約の目的物に係る工事を実施するための資金調達を目的に債権を譲渡したときは、当該譲渡により得た資金を当該工事の施工以外に使用してはならない。

（一括委任又は一括下請負の禁止）

第七条　受注者は、一括してこの工事の全部又は一部を第三者に委任し又は請け負わせてはならない。

（関係事項の通知）

第八条　受注者は、注文者に対して、この工事に関し、次の各号に掲げる事項をこの契約締結後遅滞なく通知する。

① 現場代理人及び主任技術者の氏名
② 雇用管理責任者の氏名
③ 安全管理者の氏名
④ 工事現場において使用する一日当たり平均作業員数
⑤ 工事現場において使用する作業員に対する賃金支払の方法
⑥ その他注文者が工事の適正な施工を確保するため必要と認めて指示する事項

2　受注者は、注文者に対して、前項各号に掲げる事項について変更があつたときは、遅滞なくその旨を通知する。

（受注者の関係事項の通知）

第九条　受注者がこの工事の全部又は一部を第三者に委任し又は請け負わせた場合、受注者は、注文者に対して、その契約（その契約に係る工事が数次の契約によって行われるときは、次のすべての契約を含む。）に関し、次の各号に掲げる事項を遅滞なく通知する。

① 受任者又は請負人の氏名及び住所（法人であるときは名称及び工事を担当する営業所の所在地）

② 建設業の許可番号

③ 現場代理人及び主任技術者の氏名

④ 雇用管理責任者の氏名

⑤ 安全管理者の氏名

⑥ 工事の種類及び内容

⑦ 工期

⑧ 受任者又は請負人が工事現場において使用する一日当たり平均作業員数

⑨ 受任者又は請負人が工事現場において使用する作業員に対する賃金支払の方法

⑩ その他甲が工事の適正な施工を確保するため必要と認めて指示する事項

2　受注者は、注文者に対して、前項各号に掲げる事項について変更があつたときは、遅滞なくその旨を通知する。

（監督員）

第十条　注文者は、監督員を定めたときは、書面をもってその氏名を受注者に通知する。

2　注文者は、請負契約の履行に関し工事現場に監督員を置く場合においては、当該監督員の権限に関する事項及び当該監督員の行為についての受注者の注文者に対する意見の申出の方法を、書面により受注者に通知しなければならない。

3　監督員は、この約款の他の条項に定めるもの及びこの約款に基づく注文者の権限とされる事項のうち、注文者が必要と認めて監督員に委任したもののほか、設計図書で定めるところにより、次に掲げる権限を有する。

① 契約の履行についての受注者又は受注者の現場代理人に対する指示、承諾又は協議

② 設計図書に基づく工事の施工のための詳細図等の作成及び交付又は受注者が作成したこれらの図書の承諾

③ 設計図書に基づく工程の管理、立会い、工事の施工の状況の検査又は工事材料の試験若しくは検査

4　注文者は、監督員にこの約款に基づく注文者の権限の一部を委任したときはその委任した権限の内容を、二名以上の監督員を置き前項の権限を分担させたときは、それぞれの監督員の有する権限の内容を、書面をもって受注者に通知する。

5　注文者が第一項の監督員を定めないときは、この約款に定められた監督員の権限は、注文者が行う。

（現場代理人及び主任技術者）

第十一条　現場代理人は、この契約の履行に関し、工事現場に常駐し、その運営、取締りを行うほか、この約款に基づく受注者の一切の権限（請負代金額の変更、請負代金の請求及び受領、工事関係者に関する措置請求並びにこの契約の解除に係るものを除く。）を行使する。ただし、現場代理人の権限については、受注者が特別に委任し又は制限したときは、注文者の承諾を要する。

2　受注者は、工事現場に現場代理人を置く場合においては、当該現場代理人の権限に関する事項及び

当該現場代理人の行為についての注文者の受注者に対する意見の申出の方法を、書面により注文者に通知しなければならない。

3　注文者は、前項の規定にかかわらず、現場代理人の工事現場における運営、取締り及び権限の行使に支障がなく、かつ、注文者との連絡体制が確保されると認めた場合には、現場代理人について工事現場における常駐を要しないこととすることができる。

4　主任技術者は工事現場における工事施工の技術上の管理をつかさどる。

5　現場代理人と主任技術者とはこれを兼ねることができる。

（工事関係者に関する措置請求）

第十二条　注文者は、現場代理人、主任技術者、その他受注者が工事を施工するために使用している技術者、作業員等で、工事の施工又は管理につき著しく不適当と認められるものがあるときは、受注者に対して、その理由を明示した書面をもって、必要な措置をとるべきことを求めることができる。

2　受注者は、監督員がその職務の執行につき著しく不適当と認められるときは、注文者に対してその理由を明示した書面をもって、必要な措置をとるべきことを求めることができる。

3　注文者又は受注者は、前二項の規定による請求があつたときは、その請求に係る事項について決定し、その結果を相手方に通知する。

（工事材料の品質及び検査）

第十三条　工事材料につき設計図書にその品質が明示されていないものは、中等の品質を有するものとする。

2　受注者は、工事材料については、使用前に監督員の検査に合格したものを使用する。

3　監督員は、受注者から前項の検査を求められたときは、遅滞なくこれに応ずる。

4　受注者は、工事現場内に搬入した工事材料を監督員の承諾を受けないで工事現場外に搬出しない。

5　受注者は、前項の規定にかかわらず、検査の結果不合格と決定された工事材料については遅滞なく工事現場外に搬出する。

6　第二項から第五項の規定は、建設機械器具についても準用する。

（監督員の立会い及び工事記録の整備）

第十四条　受注者は、調合を要する工事材料については、監督員の立会いを受けて調合し、又は見本検査に合格したものを使用する。

2　受注者は、水中の工事又は地下に埋設する工事その他施工後外面から明視することのできない工事については、監督員の立会いを受けて施工する。

3　監督員は受注者から前二項の立会い又は見本検査を求められたときは、遅滞なくこれに応ずる。

4　受注者は、設計図書において見本又は工事写真等の記録を整備すべきものと指定された工事材料の調合又は工事の施工をするときは、設計図書で定めるところによりその記録を整備し、監督員の要求があつたときは、遅滞なくこれを提出する。

（支給材料及び貸与品）

第十五条　注文者から受注者への支給材料及び貸与品の品名、数量、品質、規格、性能、引渡し場所、引渡し時期、返還場所又は返還時期は、設計図書に定めるところによる。

2　工程の変更により引渡し時期及び返還時期を変更する必要があると認められるときは、注文者及び受注者が協議して、これを変更する。この場合において、必要がないと認められるときを除き、工期又は請負代金額を変更する。

3　監督員は、支給材料及び貸与品を、受注者の立会いの上検査して引き渡す。この場合において、受注者は、その品質、規格又は性能が設計図書の定めと異なり、又は使用に適当でないと認めたときは、遅滞なくその旨を書面をもって注文者又は監督員に通知する。

4　注文者は、受注者から前項後段の規定による通知（監督員に対する通知を含む。）を受けた場合において、必要があると認めるときは、設計図書で定める品質、規格若しくは性能を有する他の支給材料若しくは貸与品を引渡し、又は支給材料若しくは貸与品の品質、規格等の変更を行うことができる。この場合において、必要がないと認められるときを除き、注文者及び受注者が協議して、工期又は請負代金額を変更する。

5　受注者は、支給材料及び貸与品を善良な管理者の注意をもって、使用及び保管し、受注者の故意又は過失によって支給材料又は貸与品が滅失若しくはき損し、又はその返還が不可能となったときは、注文者の指定した期間内に原状に復し、若しくは代品を納め、又はその損害を賠償する。

6　受注者は、引渡しを受けた支給材料又は貸与品が種類、品質又は数量に関しこの契約の内容に適合しないもの（第三項の検査により発見することが困難であったものに限る。）であり、使用に適当でないと認められるときは、遅滞なく監督員にその旨を通知する。この場合においては、第四項の規定を準用する。

（設計図書不適合の場合の改造義務）

第十六条　受注者は、工事の施工が設計図書に適合しない場合において、監督員がその改造を請求したときは、これに従う。ただし、その不適合が監督員の指示による等注文者の責に帰すべき理由によるときは、改造に要する費用は注文者が負担する。この場合において、必要がないと認められるときを除き、注文者及び受注者が協議して、工期を変更する。

（条件変更等）

第十七条　受注者は、工事の施工にあたり、次の各号のいずれかに該当する事実を発見したときは、直ちに書面をもってその旨を監督員に通知し、その確認を求める。

① 設計図書と工事現場の状態とが一致しないこと

② 設計図書の表示が明確でないこと（図面と仕様書が交互符合しないこと及び設計図書に誤謬又は脱漏があることを含む。）

③ 工事現場の地質、湧水等の状態、施工上の制約等設計図書に示された自然的又は人為的な施工条件が実際と相違すること

④ 設計図書で明示されていない施工条件について予期することのできない特別の状態が生じたこと

2　監督員は、前項の確認を求められたとき又は自ら前項各号に掲げる事実を発見したときは、直ちに調査を行い、その結果（これに対してとるべき措置を指示する必要があるときは、その指示を含む。）を書面をもって受注者に通知する。

3　第一項各号に掲げる事実が注文者及び受注者間において確認された場合において、必要がないと認められるときを除き、設計図書を訂正し、又は工事内容、工期若しくは請負代金額を変更する。この

場合において、工期又は請負代金額の変更については、注文者及び受注者が協議して定める。

（著しく短い工期の禁止）

第十八条　注文者は、工期の変更をするときは、変更後の工期を建設工事を施工するために通常必要と認められる期間に比して著しく短い期間としてはならない。

（工事の変更及び中止等）

第十九条　注文者は、必要があると認めるときは、書面をもって受注者に通知し、工事内容を変更し又は工事の全部若しくは一部の施工を一時中止させることができる。この場合において、必要がないと認められるときを除き、注文者及び受注者が協議して、工期又は請負代金額を変更する。

2　工事用地等の確保ができない等のため又は天災その他の不可抗力により工事目的物等に損害を生じ若しくは工事現場の状態が変動したため、受注者が工事を施工できないと認められるときは、注文者は、工事の全部又は一部の施工を中止させる。この場合において、必要がないと認められるときを除き、注文者及び受注者が協議して、工期又は請負代金額を変更する。

3　注文者は、前二項の場合において、受注者が工事の続行に備え工事現場を維持し又は作業員、建設機械器具等を保持するための費用その他の工事の施工の一時中止に伴う増加費用を必要とし、又は受注者に損害を及ぼしたときは、その増加費用を負担し、又はその損害を賠償する。この場合における負担額又は賠償額は、注文者及び受注者が協議して定める。

（受注者の請求による工期の延長）

第二十条　受注者は、天候の不良等その責に帰することができない理由その他の正当な理由により工期内に工事を完成することができないときは、注文者に対して遅滞なくその理由を明らかにした書面をもって工期の延長を求めることができる。この場合における延長日数は、注文者及び受注者が協議して定める。

2　前項の規定により工期を延長する場合において、必要がないと認められるときを除き、注文者及び受注者が協議して請負代金額を変更する。

（履行遅滞の場合の工期の延長）

第二十一条　受注者の責めに帰するべき理由により工期内に完成することができない場合において、工期経過後相当の期間内に完成する見込みのあるときは、注文者は工期を延長することができる。

（注文者の請求による工期の短縮等）

第二十二条　注文者は、特別の理由により工期を短縮する必要があるときは、受注者に対して書面をもって工期の短縮を求めることができる。この場合における短縮日数は、注文者及び受注者が協議して定める。

2　この約款の他の条項の規定により工期を延長すべき場合において、特別の理由があるときは、注文者及び受注者が協議のうえ通常必要とされる工期の延長を行わないことができる。

3　前二項の場合において、必要がないと認められるときを除き、注文者及び受注者が協議して請負代金額を変更する。

4　注文者は、第一項の工期短縮にあたっては、元請工事業者と協議のうえ、建設工事に従事する全ての者が時間外労働の上限規制に抵触するような長時間労働を行うことのないよう、当該工事の規模及び難易度、地域の実情、自然条件、工事内容、施工条件等のほか、建設工事に従事する者の週休２日の確保等、建設工事に従事する者の休日の確保、建設業者が施工に先立って行う，労務・資機材の調達，調査・測量，現場事務所の設置等の「準備期間」、施工終了後の自主検査，後片付け，清掃等の「後片付け期間」及び降雨日，降雪・出水期等の作業不能日数を適切に考慮するものとする。

（賃金又は物価の変動に基づく請負代金額の変更）
第二十三条　工期内に賃金又は物価の変動により請負代金額が不適当となり、これを変更する必要があると認められるときは、注文者及び受注者が協議して請負代金額を変更する。
２　注文者と元請工事業者との間の請負契約において、この工事を含む下請工事の部分について、賃金又は物価の変動を理由にして請負代金額が変更されたときは、注文者又は受注者は、相手方に対し、前項の協議を求めることができる。

（臨機の措置）
第二十四条　受注者は、災害防止等のため必要があると認められるときは、注文者に協力して臨機の措置をとる。
２　受注者が前項の規定により臨機の措置をとつた場合において、その措置に要した費用のうち、受注者が請負代金額の範囲内において負担することが適当でないと認められる部分については、注文者がこれを負担する。この場合における注文者の負担額は、注文者及び受注者が協議して定める。

（一般的損害）
第二十五条　工事目的物の引渡し前に、工事目的物又は工事材料について生じた損害その他工事の施工に関して生じた損害（この契約において別に定める損害を除く。）は、受注者の負担とする。ただし、その損害のうち注文者の責に帰すべき理由により生じたものについては、注文者がこれを負担する。

（第三者に及ぼした損害）
第二十六条　この工事の施工について第三者（この工事に関係する他の工事の請負人等を含む。以下この条において同じ。）に損害を及ぼしたときは、受注者がその損害を負担する。ただし、その損害のうち注文者の責めに帰すべき理由により生じたもの及び工事の施工に伴い通常避けることができない事象により生じたものについては、この限りでない。
２　前項の場合その他工事の施工について第三者との間に紛争を生じた場合においては、注文者及び受注者が協力してその処理解決に当たる。

（天災その他不可抗力による損害）
第二十七条　天災その他不可抗力によって、工事の出来形部分、現場の工事仮設物、現場搬入済の工事材料又は建設機械器具（いずれも注文者が確認したものに限る。）に損害を生じたときは、受注者が善良な管理者の注意を怠ったことに基づく部分を除き、注文者がこれを負担する。
２　損害額は、次の各号に掲げる損害につき、それぞれ当該各号に定めるところにより、注文者及び受注者が協議して定める。

① 工事の出来形部分に関する損害

損害を受けた出来形部分に相応する請負代金額とし、残存価値がある場合にはその評価額を差し引いた額とする。

② 工事材料に関する損害

損害を受けた工事材料に相応する請負代金額とし、残存価値がある場合にはその評価額を差し引いた額とする。

③ 工事仮設物又は建設機械器具に関する損害

損害を受けた工事仮設物又は建設機械器具について、この工事で償却することとしている償却費の額から損害を受けた時点における出来形部分に相応する償却費の額を差し引いた額とする。ただし、修繕によりその機能を回復することができ、かつ、修繕費の額が上記の額より少額であるものについては、その修繕費の額とする。

3　第一項の規定により、注文者が損害を負担する場合において、保険その他損害をてん補するものがあるときは、その額を損害額から控除する。

4　天災その他の不可抗力によって生じた損害の取片付けに要する費用は、注文者がこれを負担する。この場合における負担額は、注文者及び受注者が協議して定める。

（検査及び引渡し）

第二十八条　受注者は、工事が完成したときは、その旨を注文者に通知する。

2　注文者は、前項の通知を受けたときは、遅滞なく受注者の立会いの上工事の完成を確認するための検査を行う。この場合、注文者は、当該検査の結果を受注者に通知する。

3　注文者は、前項の検査によって工事の完成を確認した後、受注者が引渡しを申し出たときは、直ちに工事目的物の引渡しを受ける。

4　注文者は、受注者が前項の申出を行わないときは、請負代金の支払の完了と同時に工事目的物の引渡しを求めることができる。この場合においては、受注者は、直ちにその引渡しをする。

5　受注者は、工事が第二項の検査に合格しないときは、遅滞なくこれを修補して注文者の検査を受ける。この場合においては、修補の完了を工事の完成とみなして前四項の規定を適用する。

6　注文者が第三項の引渡しを受けることを拒み、又は引渡しを受けることができない場合において、受注者は、引渡しを申し出たときからその引渡しをするまで、自己の財産に対するのと同一の注意をもって、その物を保存すれば足りる。

7　前項の場合において、受注者が自己の財産に対するのと同一の注意をもって管理したにもかかわらずこの契約の目的物に生じた損害及び受注者が管理のために特に要した費用は、注文者の負担とする。

（部分使用）

第二十九条　注文者は、前条第三項の規定による引渡し前においても、工事目的物の全部又は一部を受注者の同意を得て使用することができる。

2 前項の場合においては、注文者は、その使用部分を善良な管理者の注意をもって使用する。

3 注文者は、第一項の規定による使用により、受注者に損害を及ぼし、又は受注者の費用が増加したときは、その損害を賠償し、又は増加費用を負担する。この場合における賠償額又は負担額は、注文者及び受注者が協議して定める。

（部分引渡し）

第三十条　工事目的物について、注文者が設計図書において工事の完成に先だって引渡しを受けるべきことを指定した部分（以下「指定部分」という。）がある場合において、その部分の工事が完了したときは、第二十八条（検査及び引渡し）中「工事」とあるのは「指定部分に係る工事」と、第三十四条（引渡し時の支払い）中「請負代金」とあるのは「指定部分に相応する請負代金」と読み替えて、これらの規定を準用する。

（請負代金の支払方法及び時期）

第三十一条　この契約に基づく請負代金の支払方法及び時期については、契約書の定めるところによる。

2　注文者は、契約書の定めにかかわらず、やむを得ない場合には、受注者の同意を得て請負代金支払いの時期又は支払方法を変更することができる。

3　前項の場合において、注文者は受注者が負担した費用又は受注者が被った損害を賠償する。

（前金払）

第三十二条　受注者は、契約書の定めるところにより注文者に対して請負代金についての前払を請求することができる。

（部分払）

第三十三条　受注者は、出来形部分並びに工事現場に搬入した工事材料及び製造工場等にある工場製品（監督員の検査に合格したものに限る。）に相応する請負代金相当額の十分の九以内の額について、契約書の定めるところにより、その部分払を請求することができる。

2　受注者は部分払を請求しようとするときは、あらかじめ、その請求に係る工事の出来形部分、工事現場に搬入した工事材料又は製造工場等にある工場製品の確認を求める。この場合において、注文者は、その確認を行い、その結果を受注者に通知する。

3　注文者は、第一項の規定による請求を受けたときは、契約書の定めるところにより部分払を行う。

4　前払金の支払いを受けている場合においては、第一項の請求額は次の式によって算出する。

　請求額＝第一項の請負代金相当額×（(請負代金額－受領済前払金額）／請負代金額)
　×（9／ 10)

5　第三項の規定により部分払金の支払いがあった後、再度部分払の請求をする場合においては、第一項及び前項中「請負代金相当額」とあるのは「請負代金相当額から既に部分払の対象となった請負代金相当額を控除した額」とする。

（引渡し時の支払い）

第三十四条　受注者は、第二十八条（検査及び引渡し）第二項の検査に合格したときは、引渡しと同時に書面をもって請負代金の支払いを請求することができる。

2 注文者は、前項の規定による請求を受けたときは、契約書の定めるところにより、請負代金を支払う。

（部分払金等の不払に対する受注者の工事中止）

第三十五条　受注者は、注文者が前払金又は部分払金の支払いを遅延し、相当の期間を定めてその支払いを求めたにもかかわらず支払いをしないときは、工事の全部又は一部の施工を一時中止することができる。この場合において、受注者は、遅滞なくその理由を明示した書面をもってその旨を注文者に通知する。

2　第十九条（工事の変更及び中止等）第三項の規定は、前項の規定により受注者が工事の施工を中止した場合について準用する。

（契約不適合責任）

第三十六条　注文者は、引き渡された工事目的物が種類又は品質に関して契約の内容に適合しないもの（以下「契約不適合」という。）であり、その契約不適合が受注者の責めに帰すべき事由により生じたものであるときは、受注者に対し、目的物の修補又は代替物の引渡しによる履行の追完（工事目的物の範囲に限る。）を請求することができる。ただし、その履行の追完に過分の費用を要するときは、注文者は履行の追完を請求することができない。

2　前項の場合において、受注者は、注文者に不相当な負担を課するものでないときは、注文者が請求した方法と異なる方法による履行の追完をすることができる。

3　第一項の場合において、注文者が相当の期間を定めて履行の追完の催告をし、その期間内に履行の追完がないときは、注文者は、その不適合の程度に応じて代金の減額を請求することができる。ただし、次の各号のいずれかに該当する場合は、催告をすることなく、直ちに代金減額を請求することができる。

①　履行の追完が不能であるとき。

②　受注者が履行の追完を拒絶する意思を明確に表示したとき。

③　工事目的物の性質又は当事者の意思表示により、特定の日時又は一定の期間内に履行しなければ契約をした目的を達することができない場合において、受注者が履行の追完をしないでその時期を経過したとき。

④　前三号に掲げる場合のほか、注文者がこの項の規定による催告をしても履行の追完を受ける見込みがないことが明らかであるとき。

（注文者の任意解除権）

第三十七条　注文者は、工事が完成しない間は、次条及び第三十九条に規定する場合のほか必要があるときは、この契約を解除することができる。

2　注文者は、前項の規定によりこの契約を解除した場合において、これにより受注者に損害を及ぼしたときは、その損害を賠償する。この場合における賠償額は、注文者と受注者とが協議して定める。

（注文者の催告による解除権）

第三十八条　注文者は、受注者が次の各号のいずれかに該当するときは、相当の期間を定めてその履行の催告をし、その期間内に履行がないときは、この契約を解除することができる。ただし、その期間を経過した時における債務の不履行がこの契約及び取引上の社会通念に照らして軽微であるときは、この限りでない。

①　受注者が正当な理由がないのに、工事に着手すべき時期を過ぎても、工事に着手しないとき。

② 受注者が工期内又は工期経過後相当期間内に工事を完成する見込がないと明らかに認められるとき。
③ 正当な理由なく、第三十六条第一項の履行の追完がなされないとき。
④ 前各号に掲げる場合のほか、受注者がこの契約に違反したとき。

（注文者の催告によらない解除権）
第三十九条　注文者は、次の各号のいずれかに該当するときは、直ちにこの契約を解除することができる。
① 受注者が第六条第一項の規定に違反して、請負代金債権を譲渡したとき。
② 受注者が第六条第三項の規定に違反して譲渡により得た資金を当該工事の施工以外に使用したとき。
③ 受注者がこの契約の目的物を完成させることができないことが明らかであるとき。
④ 引き渡された工事目的物に契約不適合がある場合において、その不適合が目的物を除却した上で再び建設しなければ、契約の目的を達成することができないものであるとき。
⑤ 受注者がこの契約の目的物の完成の債務の履行を拒絶する意思を明確に表示したとき。
⑥ 受注者の債務の一部の履行が不能である場合又は受注者がその債務の一部の履行を拒絶する意思を明確に表示した場合において、残存する部分のみでは契約をした目的を達することができないとき。
⑦ 契約の目的物の性質や当事者の意思表示により、特定の日時又は一定の期間内に履行しなければ契約をした目的を達することができない場合において、受注者が履行をしないでその時期を経過したとき。
⑧ 前各号に掲げる場合のほか、受注者がその債務の履行をせず、注文者が前条の催告をしても契約をした目的を達するのに足りる履行がされる見込みがないことが明らかであるとき。
⑨ 第四十二条（受注者の催告による解除権）又は第四十三条（受注者の催告によらない解除権）の規定によらないでこの契約の解除を申し出たとき。

（注文者の責めに帰すべき事由による場合の解除の制限）
第四十条　第三十八条各号又は前条各号に定める場合が注文者の責めに帰すべき事由によるものであるときは、注文者は、前二条の規定による契約の解除をすることができない。

（暴力団員による不当な行為の防止等に関する法律に基づく解除）
第四十一条　注文者又は受注者は、相手方が次の各号のいずれかに該当するときは、直ちにこの契約を解除することができる。
① 暴力団（暴力団員による不当な行為の防止等に関する法律（平成３年法律第７７号）第２条第２号に規定する暴力団をいう。以下この条において同じ。）又は暴力団員（暴力団員による不当な行為の防止等に関する法律（平成３年法律第７７号）第２条第６号に規定する暴力団員をいう。以下この条において同じ。）が経営に実質的に関与していると認められる者に債権を譲渡したとき。
② 役員等（注文者又は受注者が個人である場合にはその者を、注文者又は受注者が法人である場合にはその役員又はその支店若しくは常時建設工事の請負契約を締結する事務所の代表をい

う。以下この条において同じ。）が暴力団員であると認められるとき。

③　暴力団又は暴力団員が経営に実質的に関与していると認められるとき。

④　役員等が自己、自社若しくは第三者の不正の利益を図る目的又は第三者に損害を加える目的をもって、暴力団又は暴力団員を利用するなどしたと認められるとき。

⑤　役員等が暴力団又は暴力団員に対して資金等を供給し、又は便宜を供与するなど直接的あるいは積極的に暴力団の維持、運営に協力し、若しくは関与していると認められるとき。

⑥　役員等が暴力団又は暴力団員と社会的に非難されるべき関係を有していると認められるとき。

⑦　資材、原材料の購入契約その他の契約にあたり、その相手方が①から⑤までのいずれかに該当することを知りながら、当該者と契約を締結したと認められるとき。

⑧　①から⑤までのいずれかに該当する者と資材、原材料の購入契約その他の契約をしていた場合に、当該契約の解除を求められても、これに従わなかったとき。

（受注者の催告による解除権）

第四十二条　受注者は、注文者がこの契約に違反したときは、相当の期間を定めてその履行の催告をし、その期間内に履行がないときは、この契約を解除することができる。ただし、その期間を経過した時における債務の不履行がこの契約及び取引上の社会通念に照らして軽微であるときは、この限りでない。

（受注者の催告によらない解除権）

第四十三条　受注者は、次の各号のいずれかに該当する理由のあるときは、直ちにこの契約を解除することができる。

①　第十八条（工事の変更及び中止等）第一項の規定により工事内容を変更したため請負代金額が十分の五以上減少したとき。

②　第十八条第一項の規定による工事の施工の中止期間が六か月又は工期の二分の一の期間のいずれか短い期間を超えたとき。ただし、中止が工事の一部のみの場合は、その一部を除いた他の部分の工事が完了した後３か月を経過しても、なおその中止が解除されないとき。

③　注文者が請負代金の支払い能力を欠くと認められるとき。

（受注者の責めに帰すべき事由による場合の解除の制限）

第四十四条　第四十二条（受注者の催告による解除権）又は前条（受注者の催告によらない解除権）各号に定める場合が受注者の責めに帰すべき事由によるものであるときは、受注者は、前二条の規定による契約の解除をすることができない。

（解除に伴う措置）

第四十五条　工事の完成前にこの契約が解除されたときは、注文者は、工事の出来形部分及び部分払の対象となった工事材料の引渡しを受ける。ただし、その出来形部分が設計図書に適合しない場合は、その引渡しを受けないことができる。

2　注文者は前項の引渡しを受けたときは、その引渡しを受けた出来形部分及び工事材料に相応する請負代金を受注者に支払う。

3　前項の場合において、第三十二条（前金払）の規定による前払金があったときは、その前払金の額

（第三十三条（部分払）の規定による部分払をしているときは、その部分払において償却した前払金の額を控除した額）を同項の出来形部分及び工事材料に相応する請負代金額から控除する。

4　前項の場合において、受領済みの前払金額になお余剰があるときは、受注者は、その余剰額に前払金の支払の日から返還の日までの日数に応じ、法定利率の割合で計算した額の利息を付して注文者に返還する。ただし、当該契約の解除が第三十七条第一項、第四十二条及び第四十三条の規定によるものであるときは、利息に関する部分は、適用しない。

5　工事の完成後にこの契約が解除された場合は、解除に伴い生じる事項の処理については注文者及び受注者が民法の規定に従って協議して決める。

第四十六条　この契約が工事の完成前に解除された場合においては、注文者及び受注者は第三十七条第二項及び前条によるほか、相手方を原状に回復する。

（注文者の損害賠償請求等）

第四十七条　注文者は、次の各号のいずれかに該当する場合は、これによって生じた損害の賠償を請求することができる。ただし、当該各号に定める場合がこの契約及び取引上の社会通念に照らして受注者の責めに帰することができない事由によるものであるときは、この限りでない。

①　受注者が工期内に工事を完成することができないとき（第二十一条（履行遅滞の場合の工期の延長）の規定により工期を変更したときを含む。）。

②　この工事目的物に契約不適合があるとき。

③　第三十八条（注文者の催告による解除権）又は第三十九条（注文者の催告によらない解除権）の規定により、この契約が解除されたとき。

④　前三号に掲げる場合のほか、受注者が債務の本旨に従った履行をしないとき又は債務の履行が不能であるとき。

2　前項の場合において、賠償額は、注文者と受注者とが協議して定める。ただし、同項第一号の場合においては請負代金額から出来形部分に相当する請負代金額を控除した額につき、遅延日数に応じ、法定利率による割合で計算した額とする。

（受注者の損害賠償請求等）

第四十八条　受注者は、次の各号のいずれかに該当する場合は、これによって生じた損害の賠償を請求することができる。ただし、当該各号に定める場合がこの契約及び取引上の社会通念に照らして注文者の責めに帰することができない事由によるものであるときは、この限りでない。

①　第四十二条（受注者の催告による解除権）及び第四十三条（受注者の催告によらない解除権）の規定によりこの契約が解除されたとき。

②　前号に掲げる場合のほか、注文者が債務の本旨に従った履行をしないとき又は債務の履行が不能であるとき。

2　第三十二条（前金払）、第三十三条（部分払）第三項又は第三十四条（引渡し時の支払い）第二項（第三十条（部分引渡し）において準用する場合を含む。以下この項において同じ。）の規定による請負代金の支払いが遅れた場合においては、受注者は、未受領金額につき、遅延日数に応じ、第三十二条の規定による請負代金にあっては法定利率の割合で、第三十二条第三項又は第三十三条第二項の規定による請負代金にあっては法定利率の割合で計算した額の遅延利息の支払いを注文者に請求することができる。

（契約不適合責任期間）

第四十九条　注文者は、引き渡された工事目的物に関し、第二十八条（検査及び引渡し）第三項（第三十条（部分引渡し）において準用する場合を含む。）の規定による引渡し（以下この条において単に「引渡し」という。）を受けた日から２年以内でなければ、契約不適合を理由とした履行の追完の請求、損害賠償の請求、代金の減額の請求又は契約の解除（以下この条において「請求等」という。）をすることができない。

2　前項の規定に関わらず、設備の機器本体等の契約不適合については、引渡しの時、注文者が検査して直ちにその履行の追完を請求しなければ、受注者は、その責任を負わない。ただし、当該検査において一般的な注意の下で発見できなかった契約不適合については、引渡しを受けた日から２年が経過する日まで請求等をすることができる。

3　前二項の請求等は、具体的な契約不適合の内容、請求する損害額の算定の根拠等当該請求等の根拠を示して、注文者の契約不適合責任を問う意思を明確に告げることで行う。

4　注文者が第一項又は第二項に規定する契約不適合に係る請求等が可能な期間（以下この項及び第七項において「契約不適合責任期間」という。）の内に契約不適合を知り、その旨を受注者に通知した場合において、注文者が通知から一年が経過する日までに前項に規定する方法による請求等をしたときは、契約不適合責任期間の内に請求等をしたものとみなす。

5　注文者は、第一項又は第二項の請求等を行ったときは、当該請求等の根拠となる契約不適合に関し、民法の消滅時効の範囲で、当該請求等以外に必要と認められる請求等をすることができる。

6　前各項の規定は、契約不適合が受注者の故意又は重過失により生じたものであるときは適用せず、契約不適合に関する受注者の責任については、民法の定めるところによる。

7　民法第六百三十七条第一項の規定は、契約不適合責任期間については適用しない。

8　この契約が、住宅の品質確保の促進等に関する法律（平成十一年法律第八十一号）第九十四条第一項に規定する住宅新築請負契約である場合には、工事目的物のうち住宅の品質確保の促進等に関する法律施行令（平成十二年政令第六十四号）第五条に定める部分の瑕疵（構造耐力又は雨水の浸入に影響のないものを除く。）について請求等を行うことのできる期間は、十年とする。この場合において、前各項の規定は適用しない。

9　引き渡された工事目的物の契約不適合が支給材料の性質又は注文者若しくは監督員の指図により生じたものであるときは、注文者は当該契約不適合を理由として、請求等をすることができない。ただし、受注者がその材料又は指図の不適当であることを知りながらこれを通知しなかったときは、この限りでない。

（紛争の解決）

第五十条　この約款の各条項において注文者及び受注者が協議して定めるものにつき協議が整わない場合その他この契約に関して注文者及び受注者との間に紛争を生じた場合には、建設業法による建設工事紛争審査会（以下「審査会」という。）のあっせん又は調停により解決を図る。

2　注文者及び受注者は、前項のあっせん又は調停により紛争を解決する見込みがないと認めたときは、同項の規定にかかわらず、仲裁合意書に基づき、審査会の仲裁に付し、その仲裁判断に服する。

（情報通信の技術を利用する方法）

第五十一条　この約款において書面により行わなければならないこととされている承諾、通知、催告、請求等は、建設業法その他の法令に違反していない限りにおいて、電子情報処理組織を使用する方法その他の情報通信の技術を利用する方法を用いて行うことができる。ただし、当該方法は書面の交付に準ずるものでなければならない。

（補則）

第五十二条　この約款に定めのない事項については、必要に応じ注文者及び受注者が協議して定める。

●この約款は、一次下請負工事業者及び二次下請負工事業者間という第二次下請段階における工事請負契約を念頭において、第二次下請段階における請負契約の約款例として作成されたものである。

●個々の契約に当たっては、建設工事の種類、規模等に応じ契約の慣行又は施工の実態からみて必要があるときは、当該条項を削除し、又は変更し、若しくは新たな条項を追加するべきであること。その場合においては、契約における当事者の対等性の確保、責任範囲その他契約内容の明確化に留意すること。

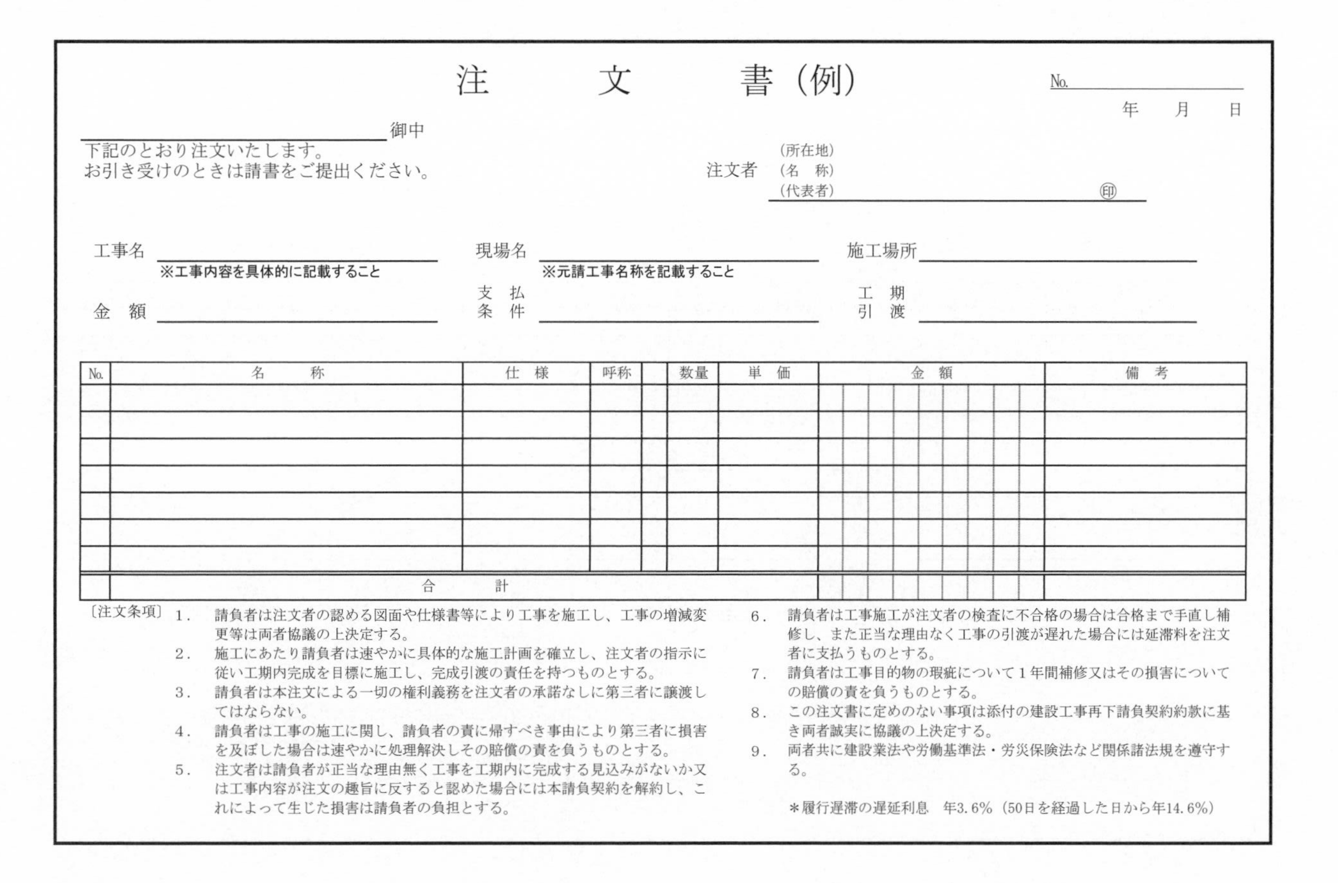

注　文　書（例）

No.＿＿＿＿

年　月　日

＿＿＿＿＿＿＿＿御中

下記のとおり注文いたします。
お引き受けのときは請書をご提出ください。

注文者　（所在地）
（名　称）
（代表者）　　　　㊞

工事名＿＿＿＿＿＿
※工事内容を具体的に記載すること

現場名＿＿＿＿＿＿
※元請工事名称を記載すること

施工場所＿＿＿＿＿＿

金　額＿＿＿＿＿＿

支払条件＿＿＿＿＿＿

工期引渡＿＿＿＿＿＿

No.	名　称	仕　様	呼称		数量	単　価	金　額	備　考
	合　計							

〔注文条項〕
1．請負者は注文者の認める図面や仕様書等により工事を施工し、工事の増減変更等は両者協議の上決定する。
2．施工にあたり請負者は速やかに具体的な施工計画を確立し、注文者の指示に従い工期内完成を目標に施工し、完成引渡の責任を持つものとする。
3．請負者は本注文による一切の権利義務を注文者の承諾なしに第三者に譲渡してはならない。
4．請負者は工事の施工に関し、請負者の責に帰すべき事由により第三者に損害を及ぼした場合は速やかに処理解決しその賠償の責を負うものとする。
5．注文者は請負者が正当な理由無く工事を工期内に完成する見込みがないか又は工事内容が注文の趣旨に反すると認めた場合には本請負契約を解約し、これによって生じた損害は請負者の負担とする。
6．請負者は工事施工が注文者の検査に不合格の場合は合格まで手直し補修し、また正当な理由なく工事の引渡が遅れた場合には延滞料を注文者に支払うものとする。
7．請負者は工事目的物の瑕疵について１年間補修又はその損害についての賠償の責を負うものとする。
8．この注文書に定めのない事項は添付の建設工事再下請負契約約款に基き両者誠実に協議の上決定する。
9．両者共に建設業法や労働基準法・労災保険法など関係諸法規を遵守する。

＊履行遅滞の遅延利息　年3.6％（50日を経過した日から年14.6％）

注　文　請　書（例）

No.＿＿＿＿＿＿

年　月　日

＿＿＿＿＿＿＿＿御中

下記のとおり受注いたします。

請負者　（所在地）
（名　称）
（代表者）　　　　　　　　　　㊞

工事名＿＿＿＿＿＿＿＿
※工事内容を具体的に記載すること

現場名＿＿＿＿＿＿＿＿
※元請工事名称を記載すること

施工場所＿＿＿＿＿＿＿＿

金　額＿＿＿＿＿＿＿＿

支　払
条　件＿＿＿＿＿＿＿＿

工　期
引　渡＿＿＿＿＿＿＿＿

No.	名　称	仕　様	呼称		数量	単　価	金　額	備　考
	合　計							

〔注文条項〕

1．請負者は注文者の認める図面や仕様書等により工事を施工し、工事の増減変更等は両者協議の上決定する。
2．施工にあたり請負者は速やかに具体的な施工計画を確立し、注文者の指示に従い工期内完成を目標に施工し、完成引渡の責任を持つものとする。
3．請負者は本注文による一切の権利義務を注文者の承諾なしに第三者に譲渡してはならない。
4．請負者は工事の施工に関し、請負者の責に帰すべき事由により第三者に損害を及ぼした場合は速やかに処理解決しその賠償の責を負うものとする。
5．注文者は請負者が正当な理由無く工事を工期内に完成する見込みがないか又は工事内容が注文の趣旨に反すると認めた場合には本請負契約を解約し、これによって生じた損害は請負者の負担とする。
6．請負者は工事施工が注文者の検査に不合格の場合は合格まで手直し補修し、また正当な理由なく工事の引渡が遅れた場合には延滞料を注文者に支払うものとする。
7．請負者は工事目的物の瑕疵について１年間補修又はその損害についての賠償の責を負うものとする。
8．この注文書に定めのない事項は添付の建設工事再下請負契約約款に基き両者誠実に協議の上決定する。
9．両者共に建設業法や労働基準法・労災保険法など関係諸法規を遵守する。

＊履行遅滞の遅延利息　年3.6％（50日を経過した日から年14.6％）

◆建設業と SDGs

～エコアクション21を活用したSDGs経営～

1　SDGs とは

1-1　SDGs 誕生の歴史と概要

近年、地球温暖化による気候変動、大規模な自然災害、新型ウィルスによる感染症等の発生により、世界規模の深刻な環境、経済、社会（貧困・格差・保健）問題が発生している。

このような状況を踏まえ、2015年９月の国連サミットにおいて、国際社会共通の目標である、「SDGs：Sustainable Development Goals（持続可能な開発目標）」が、193ヶ国の全会一致により採択された。

このサミットでは、2030年までの長期的開発指針として、持続可能な開発の為の2030アジェンダ（議題）が採択され、この文書の中核を成す「持続可能な開発目標」の事をSDGsと呼ぶ。SDGsは３層構造であり、17のゴール（目標）（271頁表-1）と具体的な169のターゲットや232の評価指標から構成されている。

《SDGs の目的》
2030年を年限とし、地球上の誰一人取り残さない（leave no one behind）持続可能で多様性と包摂性のある社会の実現。

世界全体が、このSDGsの目的達成のために取り組む中で、先進国である日本も当然大きな役割を担うことになる。安倍総理（当時）がSDGsの実施に最大限取り組むことを表明して以降、経団連などを中心に建設業界等においても、SDGsへの取り組みが活発化し、HP等で自社のSDGs活動について発信する企業も増加している。

また、SDGs活動に取り組む組織の証として、17のゴールをイメージしたカラフルなホイール型バッジを付けた人を、政府や民間企業において、見かける機会も多くなった。

このSDGsの前身として、発展途上国向けの開発目標として、ミレニアム開発目標：MDGs：（Millennium Development Goals）が2001年に国連で専門家間の議論を経て策定され、2015年を期限とする8つの目標が設定された。

《MDGsの8つの目標》

1：極度の貧困と飢餓の撲滅
2：初等教育の完全普及の達成
3：ジェンダー平等推進と女性の地位向上
4：乳幼児死亡率の削減
5：妊産婦の健康の改善
6：HIV／エイズ、マラリア、その他の疾病の蔓延の防止
7：環境の持続可能性確保
8：開発のためのグローバルなパートナーシップの推進

MDGsへの取組みにより生み出された成果は以下の通りである。

・10億人以上が極度の貧困を脱した（1990年以来）
・子どもの死亡率は半分以下に減少（1990年以来）
・学校に通えない子どもの数は半分以下に減少（1990年以来）
・HIV／エイズ感染件数は40％近く減少（2000年以来）

しかし、このMDGsの目標は、発展途上国の課題が中心であったため、世界規模の新たな課題の解決には、対応できておらず、新しい目標策定が必要となった。

そこで今回、ポストMDGsとして誕生したSDGsは、先進国も巻き込み、共に取り組めるように、時代のニーズに合わせた新たな目標が追加策定された。

日本政府は、このSDGsに対し、内閣総理大臣を本部長、内閣官房長官・外務大臣を副本部長、全閣僚を構成員とするSDGs推進本部を設置し、2030年の目標達成に向けて推進し、特に日本が注力すべき8つの実施指針

（優先課題）を決定した。

《SDGsの8つの実施指針》（272頁表-2）

1：あらゆる人々が活躍する社会・ジェンダー平等の実現（People）
2：健康・長寿の達成（People）
3：成長市場の創出、地域活性化、科学技術イノベーション（Prosperity）
4：持続可能で強靱な国土と質の高いインフラの整備（Prosperity）
5：省・再生可能エネルギー、防災・気候変動対策、循環型社会（Planet）
6：生物多様性、森林、海洋等の環境の保全（Planet）
7：平和と安全・安心社会の実現（Peace）
8：SDGs実施推進の体制と手段（Partnership）

1-2　17のゴール（目標）と建設業

SDGsで策定された17のゴール（目標）には、21世紀の世界が抱える重要性及び緊急性の高い社会課題が包括的に挙げられている。

これらの目標に対して組織が積極的に取り組むことで、①企業イメージの向上、②社会課題への対応、③企業の生存戦略、④新たな事業機会の創出、などの効果が期待できる為、建設業界においても取り組む企業が年々増加している。

表-1　17のゴールと建設業とのつながり

No.	ゴール（目標）	内　容	建設業との関係性
1	貧困をなくそう	あらゆる場所のあらゆる形態の貧困を終わらせる	間接的
2	飢餓をゼロに	飢餓を終わらせ、食料安全保障及び栄養改善を実現し、持続可能な農業を促進する	間接的
3	全ての人に健康と福祉を	あらゆる年齢の全ての人々の健康的な生活を確保し、福祉を促進する	直接的
4	質の高い教育をみんなに	全ての人に包摂的かつ公正な質の高い教育を確保し、生涯学習の機会を促進する	直接的
5	ジェンダー平等を実現しよう	ジェンダー平等を達成し、全ての女性及び女児の能力強化を行う	直接的
6	安全な水とトイレを世界中に	全ての人々の水と衛生の利用可能性と持続可能な管理を確保する	直接的
7	エネルギーをみんなに そしてクリーンに	全ての人々の、安価かつ信頼できる持続可能な近代的エネルギーへのアクセスを確保する	直接的
8	働きがいも経済成長も	包摂的かつ持続可能な経済成長及び全ての人々の完全かつ生産的な雇用と働きがいのある人間らしい雇用（ディーセント・ワーク）を促進する	直接的
9	産業と技術基盤の基礎をつくろう	強靭（レジリエント）なインフラ構築、包摂的かつ持続可能な産業化の促進及びイノベーションの推進を図る	直接的
10	人や国の不平等をなくそう	各国内及び各国間の不平等を是正する	間接的
11	住み続けられるまちづくりを	包摂的で安全かつ強靭（レジリエント）で持続可能な都市及び人間居住を実現する	直接的
12	つくる責任つかう責任	持続可能な生産消費形態を確保する	直接的
13	気候変動に具体的な対策を	気候変動及びその影響を軽減するための緊急対策を講じる	直接的
14	海の豊かさを守ろう	持続可能な開発のために海洋・海洋資源を保全し、持続可能な形で利用する	直接的
15	陸の豊かさも守ろう	陸域生態系の保護、回復、持続可能な利用の推進、持続可能な森林の経営、砂漠化への対処、並びに土地の劣化の阻止・回復及び生物多様性の損失を阻止する	直接的
16	平和と公正をすべての人に	持続可能な開発のための平和で包摂的な社会を促進し、全ての人々に司法へのアクセスを提供し、あらゆるレベルにおいて効果的で説明責任のある包摂的な制度を構築する	間接的
17	パートナーシップで目標を達成しよう	持続可能な開発のための実施手段を強化し、グローバル・パートナーシップを活性化する	直接的

総務省「持続可能な開発目標（SDGs）」を元に作成

表-2　SDGsの８つの実施指針と17ゴール（目標）の関連

実施指針＼ゴール	1	2	3	4	5	6	7	8	9	10	11	12	13	14	15	16	17
①あらゆる人々が活躍する社会・ジェンダー平等の実現	○			○	○			○		○		○					
②健康・長寿の達成		○	○														
③成長市場の創出、地域活性化、科学技術イノベーション		○						○	○		○						
④持続可能で強靭な国土と質の高いインフラの整備		○				○			○		○						
⑤省・再生可能エネルギー、防災・気候変動対策、循環型社会							○					○	○				
⑥生物多様性、森林、海洋等の環境の保全		○	○											○	○		
⑦平和と安全・安心社会の実現					○											○	
⑧SDGs実施推進の体制と手段																	○

総務省「SDGsアクションプラン2020」を元に作成

2　建設業界とSDGs

2-1　業界固有の課題

2020年現在、日本の建設業界には、約47万の建設業許可業者が存在する。この建設業界を取り巻く共通の課題として、以下の項目が挙げられる。

①担い手不足の問題　⇒　少子高齢化による人口減少から労働力不足が進み、外国人労働者等への依存も進んでいる。

②老朽化インフラ問題　⇒　高度経済成長期に建設された公共交通網や上下水道などの老朽化が進み、補修・更新の時期を迎えている。

③廃棄物の削減問題　⇒　建築物のライフサイクルにおいて、大量の廃棄物が排出されるが、その削減・再利用の促進が求められる。

④エネルギー削減問題 ⇒ 従来の化石燃料から再生可能エネルギーへのシフトは、建設業界でも重要な課題となっている。

⑤気候変動の問題 ⇒ 地球温暖化が進むことで、記録的猛暑や集中豪雨等による自然災害が発生し、年々甚大な被害を及ぼしている。

⑥生物多様性の問題 ⇒ 自然破壊により生物多様性が失われることで、食料供給、疫病予防に重大な影響を与えることになる。

これら業界固有の課題についても、SDGs活動は有効な解決手段であり、積極的に取組むことで、自社の維持発展と業界全体の活性化が期待できる。

3 取組み方法と達成レベル

3-1 環境省ガイドラインの活用

建設業者が、自社の経営にSDGsを導入し、目標達成に向けて取り組む際、環境省策定のガイドライン『SDGs活用ガイド』が大変参考になる。このガイドの通りに進めていけば、中小の建設業者においてもSDGs活動に容易に取り組める（表-3）。

表-3　PDCA サイクルによる SDGs の取組み手順

PDCAサイクル	取組み手順	環境省のガイドライン「SDGs活用ガイド」
取組みの意思決定	1：話し合いと考え方の共有	1）企業理念の再確認と将来ビジョンの共有
		2）経営者の理解と意思決定
		3）担当者（キーパーソン）の決定とチームの結成
PLAN（取組みの着手）	2：自社の活動内容の棚卸を行い、SDGsと紐付けて説明できるか考える	1）棚卸の進め方
		2）事業・活動の環境や地域社会との関係の整理
		3）SDGsのゴール・ターゲットとの紐付け
DO（具体的な取組みの検討と実施）	3：具体的な取組み内容を検討し、取組の目的、内容、ゴール、担当部署を決め、取組を実施する。	1）取組みの動機と目的
		2）取組み方
		3）コストについての考え方
CHECK（取組み状況の確認と評価）	4：取組みの状況を確認し、その結果を評価する	1）取組み経過の記録
		2）取組み結果の評価とレポート作成
ACTION（取組みの見直し）	5：一連の取組みを整理し、外部への発信にも取り組んでみる	1）外部への発信
		2）次の取組みへの展開

環境省「持続可能な開発目標（SDGs）活用ガイド（第2版）」を元に作成

「PDCA サイクルによる SDGs の取組み手順」のポイント

①取組みの意思決定⇒企業理念（経営の目的）と将来ビジョン（あるべき姿）を社内全員で共有して意識改革をすることが、SDGs 導入における前提条件となる。

②P：取組みの着手⇒自社活動の棚卸と環境や地域社会との関係について洗い出す作業を通して自社の特性を捉え、得られた新たな気付きを計画に反映する。

③D：具体的な取組みの検討と実施⇒業務の進め方を改善する短期的な方法だけでなく、技術開発による製品・サービスそのものを改善する長期的な方法も考える。

④C：取組み状況の確認と評価⇒取組みの成果はなるべく数字で評価し、数値化できない場合は取組み前後の写真を活用し、第三者にもわかり

表-4　SDGs活用ガイドとエコアクション21とのつながり

環境省策定のガイドライン 「SDGs活用ガイド」	環境省策定のガイドライン 「エコアクション21」
1）企業理念の再確認と将来ビジョンの共有	1．取組みの対象組織・活動の明確化 3．環境経営方針の策定
2）経営者の理解と意思決定	
3）担当者（キーパーソン）の決定とチームの結成	7．実施体制の構築
1）棚卸の進め方	4．経営への負荷と環境への取組み状況の把握及び評価 5．環境関連法規などの取りまとめ
2）事業・活動の環境や地域社会との関係の整理	
3）SDGsのゴール・ターゲットとの紐付け	（ガイドラインのSDGs紐付け早見表）
1）取組みの動機と目的	2．代表者による経営における課題とチャンスの明確化 6．環境経営目標及び環境経営計画の策定
2）取組み方	8．教育・訓練の実施、10．実施及び運用 11．環境上の緊急事態への準備及び対応
3）コストについての考え方	7．実施体制の構築
1）取組み経過の記録	12．文書類の作成・管理
2）取組み結果の評価とレポート作成	13．取組み状況の確認・評価、並びに問題の是正及び予防
1）外部への発信	9．環境コミュニケーションの実施
2）次の取組みへの展開	14．代表者による評価と見直し・指示

環境省「持続可能な開発目標（SDGs）活用ガイド（第２版）」と「エコアクション21ガイドライン」を元に作成

易くレポートにまとめる。

⑤A：取組みの見直し⇒レポートを自社のHPやカタログ等で外部発信し、既存のマネジメントシステムと連動させながら、次年度の活動内容や目標設定に活かす。

なお、このガイドラインを現場で運用するうえで、同じ環境省が策定した環境マネジメントシステム『エコアクション21』との連動は大変効果的である。

両者は、内容に共通点が多いので、すでに環境経営を導入している企業においては、比較的容易にSDGs経営の実践ができる（表-4参照）。

3-2　エコアクション21による運用

エコアクション21とは、環境省が策定した日本独自の環境経営システムである。

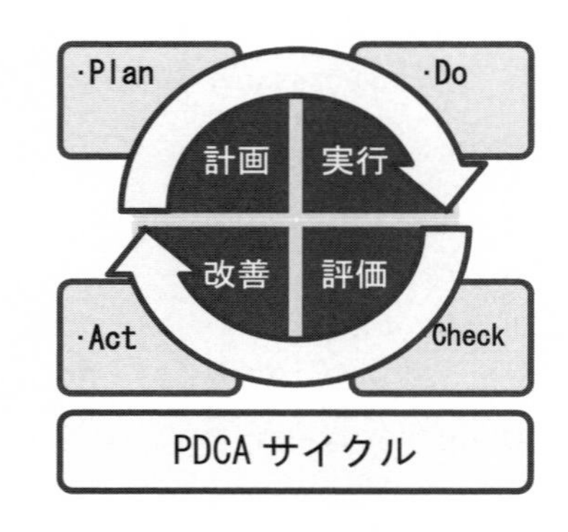

『PDCA サイクル』と呼ばれるパフォーマンスを継続的に改善する手法を基礎として、組織や事業者等が環境への取り組みを自主的に行うための方法を定めている。

この環境経営システムを構築、運用、維持することにより、環境への取組みの推進だけでなく、経費の削減や生産性・歩留まりの向上等、経営面でも効果が期待できる（表-5参照）。

表-5　エコアクション21の取組効果

外部効果	内部効果
①取引先が要請する環境経営の対外的な証となる ②「環境経営レポート」による新規取引先の獲得 ③多くの行政機関の入札においてポイント加点される ④産廃処理業の優良事業者の要件になる ⑤金融機関による特別低金利融資もある	①省エネルギー・分別・リサイクルによるコストの削減 ②生産性・歩留りの向上 ③PDCAサイクルによる経営の効率化 ④環境汚染や事故によるリスクの未然防止 ⑤コンプライアンス意識の向上

環境省「エコアクション21ガイドライン」を元に作成

《エコアクション21の認証取得状況》

2021年１月現在の認証取得数は、建設業、製造業、産廃処理業を中心に、約7,600社あり、小規模企業（30名以下）の取得が６割以上を占める。

これからの建設業者は、規模の大小にかかわらず、環境に配慮した事業活動が標準となり企業の社会的責任を果たすためにも、エコアクション21

のような環境経営システムを積極的に導入し、SDGs経営を実践することが求められる。

《エコアクション21の主な特徴》

①建設業者向けの運用フォーマットが用意されており、仕組作りで発生する手間とコストがあまりかからない。⇒ 中小企業向けのマネジメントシステムである

②4種類（二酸化炭素、廃棄物、節水、化学物質）の環境負荷を把握すれば申請が可能となる。⇒ SDGsの取組みに直接貢献できる仕組みが構築できる

③環境経営レポートの作成及び公表をすることにより、取引先や業界からの信頼性が向上する。⇒ SDGsのレポートと共用できる

④環境経営活動を、第三者がガイドラインに基づき評価する認証・登録制度がある。⇒ SDGs活動を第三者が定期的に評価する仕組みが構築できる

《SDGs活動とエコアクション21のつながり》

※（ ）内の数字は、表-4のエコアクション21の要求事項番号

①取組みの意思決定⇒（3）SDGsの17目標を環境経営方針に反映させる。（7）SDGsとエコアクション21の運用体制（環境管理の責任者，部門など）を統合管理する。

②P：取組みの着手⇒（2、6）関連する17目標に対して、影響の大きな課題や効果の大きなチャンスを優先した環境経営目標及び計画を立てる。（4）環境への負荷と環境への取組状況から、関連する17目標を紐付け（マッピング）する。

③D：具体的な取組みの検討と実施⇒（10）実施及び運用、（8）教育訓練、（9）コミュニケーション、（11）文書類に関するプロセスを統合管理する。

④C：取組み状況の確認と評価⇒（13）SDGs活動と環境経営活動の取組み結果を統合して確認・評価し、是正・予防につなげる。(12) SDGs活動の取組みが反映された環境経営レポートを作成し取組み成果の視覚化を行う。

⑤A：取組みの見直し⇒（9）環境経営レポートにてSDGsの成果を外部に発信する。(14) エコアクション21のPDCAサイクルでSDGs活動を継続的に回していく。

3-3　SDGs活動の達成レベル

SDGs活動に取り組む際、取組みの達成段階は、概ね3段階で評価できる。

これからSDGsの導入を検討されている中小規模の建設業者においては、レベル－Ⅰから始めて、レベルⅡ⇒Ⅲへとレベルアップされることを推奨する。

《レベル－Ⅰ：マッピング》

自社の事業活動（製品／サービス）や環境（品質）目標について、SDGsの課題（17の目標や169のターゲット）に当てはまるものを紐付け（マッピング）することで、SDGsへの理解を深める。

※このレベル止まりの場合、SDGsウオッシュ（うわべだけ）になる危険性もある。

《レベル－Ⅱ：SDGs経営》

（4）環境への負荷と環境への取組状況に、SDGsの課題を反映してエコアクション21の重要な活動内容である（2）経営における課題とチャンスを決定する。

この決定事項について（6）環境経営計画を策定し、これを自社の事業計画と連動することで、SDGsの取組みを事業プロセスと統合させられる。

《レベル－Ⅲ：イノベーション》

SDGs の課題（あるべき姿）から逆算（バックキャスティング[1]）し、自社の事業活動を根本から見直すことで、新たな共通価値を創造する。(他社とのパートナーシップも視野に入れる）

新たな共通価値として、製品／サービスレベル、バリューチェーンレベル、地域エコシステムレベルの3つがある。

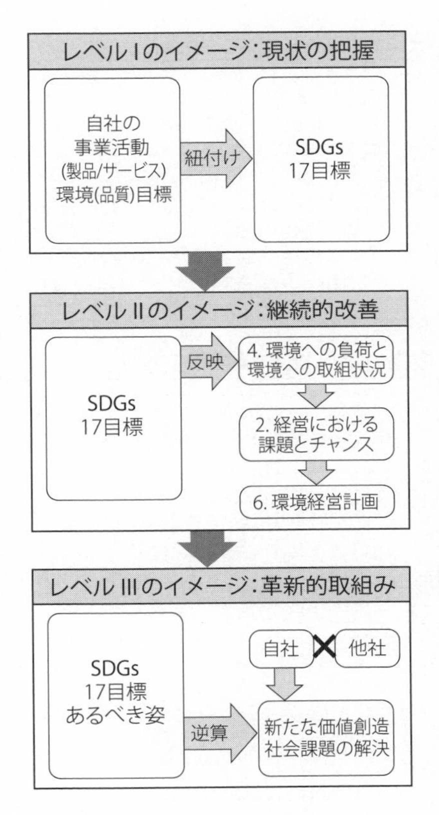

4　建設業界の取組み事例

4-1　建設業の取組み事例紹介

中小企業における SDGs 経営の取組み事例は、外務省の HP「JAPAN SDGs Action Platform」において多くの事例が紹介されているので、取組みの参考していただきたい。

1）「バックキャスティング」未来の姿から逆算して現在の施策を考える発想。反対に現状からどう改善ができるかを考えて、その改善策を積上げていく考え方をフォアキャスティングという。

取組み事例-1(建築工事業)

≪従来の取組み≫
住まいを通して全国のお客様にもっと喜んでもらえる企業を目指していた。

⬇

≪SDGs 経営の取組み≫
・高気密・高断熱住宅の開発により住む人の健康改善効果を高める (⇒目標3)
・太陽光発電の普及により電気エネルギーの自給自足化を促進する (⇒目標7)
・女性の現場監督や管理職の登用により女性が働きやすい職場作り (⇒目標5)
・全国の工務店やビルダーに、自社住宅の勉強会やセミナーの実施 (⇒目標17)

取組み事例-2(鋼構造物工事業)

≪従来の取組み≫
設備補修事業の非破壊検査前処理(錆落とし)工程をハンドグラインダーで実施。

⬇

≪SDGs 経営の取組み≫
モノづくり補助金を活用し、新型のレーザークリーナーを導入した。
・騒音・振動、発塵がなくなり、作業者への負担が軽減された。(⇒目標3)
・大量に発生していた 廃棄物(削りクズ)が大幅に削減できた。(⇒目標11、12)
・作業性も大幅に向上し、設備補修事業の工期短縮が実現した。(⇒目標9)

4-2　SDGs によるビジネスチャンス

2017年のダボス会議にて、「SDGs の取組みにより、12兆ドルの経済効果と３億8,000万人の雇用が生まれる」という驚くべき試算が出された。

これは、大規模な自然災害や感染症等の影響を受けて世界的に低迷した経済状況に対し、大変明るいニュース材料といえる。

SDGs の活動は、一方的な社会貢献活動ではなく、本業により社会問題を解決する三方良しの仕組みであり、同じ志をもつ企業とのパートナーシップの構築や、新たなビジネスチャンスの獲得も大いに期待できる。

5　2030年に向けての課題

5-1　取組み効果の発信

SDGs 活動では、その取組み成果を社内だけで完結させず、外部に対し積極的かつ継続的に発信することで、大きな効果が得られる。

《外部発信の効果》

①社会課題への貢献により地域で必要とされる企業づくり。

②自社の経営効果と建設業界全体の活性化。

③ビジネスパートナーや新たな事業機会の獲得。

④意識の高い優秀な人財の確保と定着化。

外部発信の効果を高めるために、様々な発信手段（表-6参照）が考えられる。

ただし、実際の運用現場においては、外部発信の前に社内の全従業員に対する内部発信が重要で、自社がSDGs 活動を経営の中心に捉えていることを経営者が伝えて、全社員が同じ意識を持つことが、SDGs 活動の基本になる。

表-6　SDGs 活動の発信手段例

発信ツール	発信先	主な特徴
環境経営レポート	エコアクション21事務局、顧客、行政	信頼度の高い目標達成状況の情報発信
自社のHP	顧客、株主、周辺市民	企業PR情報と連動した活動の情報発信
担当者のSNS	顧客、フォロアー	担当者レベルでリアルタイムな情報発信
企業見学会	顧客、入社希望者、取引先	実態を見せながら行うリアルな情報発信

5-2　持続可能な社会を目指して

現在のように外部環境の変化が激しい時代において、建設業者は、自社のビジネスモデルのあり方を根本から見つめ直す必要性が高まってきている。

この課題解決に有効な取組みとして「SDGs経営の実践」があり、SDGsの17ゴールを自社の経営目標に反映させて取り組むことで、「社会課題の解決」と「企業存続」の両立が期待できる。

ただし、この両立の実現には、経営者自身による「自社の強みを活かし、環境・経済・社会に対し統合的な視点で課題解決に挑戦する」という意識変革と強靭なリーダーシップが不可欠である。

2030年のグローバルゴールを達成し、サステナブル（持続可能）な社会を実現するために、「SDGs経営の実践」を通じて、本業で社会課題の解決に向けた取組みに挑戦することが、建設業者に与えられた課題といえる。

おわりに

令和元年建設業改正により、本書の一部改訂を進めたが、今回の建設業法改正が議論され公布されたときの状況と、施行時の状況は、新型コロナウイルスの影響により、大きく変わった。申請書類の簡素化、電子化をはじめ、工事現場における合理化、ICT 化などは、以前より議論されていたものであるが、具体的な進展については、先行きが明瞭であったとは言い難い。これが新型コロナウイルスの影響によって直ちに改善を図らなければならなくなってしまった。ある意味、中途半端になっていた議論が、これによって混乱を経ながらも加速された。

例えば、許可・経審の電子申請移行は、コロナ前と比べて電子化へのスケジュールはほぼ変わっていないが、他の公的・民間システムとの連携（バックヤード連携）について、積極的に取り組まれるようになった[1]。おそらく、コロナ前のシステム開発理論で進んでいたら、電子申請においても、各種の証明書を取得し、添付する、というスタイルは変わらず踏襲されていただろう。建設キャリアアップシステムの推進についても、情勢変化を受けたことで、登録データをひとつずつ自分で入力する、というものではなく、各機関と連携し、半自動的に個人のデータは蓄積されていくようになるのだと見込まれる。

また、専門工事企業の施工能力等の見える化評価制度[2]の構築が進んでおり、建設キャリアアップシステムで蓄積される技能者の能力評価制度と連動することとなっている。併せて、専門工事企業の施工能力が客観的に判定できるようになる。

今後は、許可要件の審査などは、審査庁の担当者の人の目によらなけ

1）第１回建設業許可・経営事項審査等の申請手続の電子化に向けた実務者会議「電子申請システムの基本構想（案）」（令和２年12月１日）。
2）「専門工事企業の施工能力等の見える化評価制度に関するガイドライン」（令和２年３月31日）。

ればいけないことは少なくなるといえる。今回の建設業法改正は、テレワークもソーシャルディスタンスも想定されずに行われたものである。この枠組みの中でコロナ禍での生活様式の変化に対応することには限界があるだろう。また、新型コロナウイルスにかかわらず、少子高齢化も進み、担い手不足は簡単に解消するものではない。

人手不足は通信システムで積極的に代替できないか、現場での無駄や効率化を的確に分析するシステムを取り入れられないか、新技術や新体制を導入するのに法令や既存制度が邪魔をしていないか、官民をあげて大胆な改革を進め、日本の高度な建設技術をさらに高め、質の高いインフラを整備し国全体で享受できるよう、建設業法の目的[3)]にいま一度立ち返って議論されることを願う。

令和３年２月

日本行政書士会連合会
執筆者・編集者一同

3）建設業法１条「この法律は、建設業を営む者の資質の向上、建設工事の請負契約の適正化等を図ることによつて、建設工事の適正な施工を確保し、発注者を保護するとともに、建設業の健全な発達を促進し、もつて公共の福祉の増進に寄与することを目的とする。」

執筆者一覧

編集者

村山　豪彦（許認可業務部部長）
田中　秀人（建設・環境部門次長）
相場　忠義（建設・環境部門部員）
中嶋　章雄（建設・環境部門部員）
池田　光二（建設・環境部門部員）
山本　　毅（建設・環境部門専門員）
角子　裕司（建設・環境部門専門員）

執筆者

〈初版〉

矢野　浩司（許認可業務部部長※）……序章　※役職は発刊当時のもの
川﨑　雅彦（埼玉県行政書士会）……第１章
泉　恵理子（埼玉県行政書士会）……第１章
佐藤　貴博（東京都行政書士会）……第２章
平野　大志（東京都行政書士会）……第２章
竹内　義彦（千葉県行政書士会）……第２章
西尾　正平（兵庫県行政書士会）……第２章
小出　秀人（神奈川県行政書士会）……第３章
望月　亮秀（神奈川県行政書士会）……第３章
山本　　毅（神奈川県行政書士会）……第３章

〈第２版〉

山本　　毅（建設・環境部門専門員）……序章・第２章・第３章
池田　光二（建設・環境部門部員）……序章
川﨑　雅彦（埼玉県行政書士会）……第１章
田中　秀人（建設・環境部門次長）……第１章
角子　裕司（建設・環境部門専門員）……第３章
望月　亮秀（神奈川県行政書士会）……第３章

建設業法と建設業許可　第2版―行政書士による実務と解説

2019年3月30日　第1版第1刷発行
2021年3月30日　第2版第1刷発行
2022年6月20日　第2版第2刷発行

編　者――日本行政書士会連合会
発行所――株式会社 日本評論社
〒170-8474　東京都豊島区南大塚3-12-4
電話　03-3987-8621（販売）-8631（編集）
FAX　03-3987-8590（販売）-8596（編集）
振替　00100-3-16
印　刷――精文堂印刷
製　本――井上製本所

装幀／銀山宏子
ISBN 978-4-535-52549-8　Printed in Japan